TEMA 66

EVOLUCIÓN DE LA CONCEPCIÓN DE CIENCIA. LAS REVOLUCIONES CIENTÍFICAS Y LOS CAMBIOS DE PARADIGMAS DE LA BIOLOGÍA Y LA GEOLOGÍA. LA CIENCIA COMO PROCESO EN CONSTRUCCIÓN. LOS CIENTÍFICOS Y SUS CONDICIONAMIENTOS SOCIALES. LAS ACTITUDES CIENTÍFICAS EN LA VIDA COTIDIANA.

0. INTRODUCCIÓN

¿Cómo se realiza la actividad científica? ¿Cómo ha evolucionado esta manera de conocer la realidad? ¿Qué factores la influyen? ¿Cuáles de sus logros son más relevantes en el campo de la biología y la geología? ¿Cuál es la magnitud y el modo de la repercusión social de la ciencia? A estas cuestiones trataré de responder en mi exposición.

Lo haré basándome en el siguiente índice de contenidos... (es muy conveniente exponer con claridad, aquí al principio, el orden que se va a seguir, leer el índice de una forma ágil)

1. EVOLUCIÓN DE LA CONCEPCIÓN DE CIENCIA

Aunque retrocedamos hasta los inicios de la historia, siempre encontramos algunas ideas y técnicas, conocidas por los artesanos y las personas cultas, que tienen cierto carácter científico.

Podríamos decir (según la enciclopedia de Stephen F. Mason) que la ciencia se nutre históricamente de dos fuentes...

- la tradición técnica → es decir, el proceso mediante el que las habilidades manuales y las técnicas encaminadas al desarrollo de objetos de utilidad práctica o belleza particular, se transmitían entre generaciones

- la tradición espiritual → es decir, la comunicación de las ideas y aspiraciones humanas

Ambas tradiciones existían ya en la época prehistórica, como puede verse por el desarrollo de herramientas, las prácticas de enterramiento de los difuntos o el arte rupestre. Hay expertos que sugieren que, hacia el final de la Edad de Bronce, puede distinguirse una clara separación entre ambas actividades. Existían pues grupos de artesanos y grupos de personas (que podríamos llamar sacerdotes) encargados en particular de la transmisión espiritual. Obviamente, esto indica que se concebían como actividades distintas, pero en modo alguno establece que las personas estuviesen dedicadas exclusivamente a una u otra.

En las civilizaciones antiguas (babilonios, asirios, egipcios) existe un desarrollo técnico enorme tanto por su cantidad como por su calidad. No obstante, no podemos hablar de una organización de este conocimiento o de un sistema de explicación científica de la realidad.

En la antigua Grecia, se da una búsqueda de un orden general, subyacente a la realidad que percibimos, y que daría explicación a todo lo observable. Algunos eventos, como por ejemplo la expansión del cristianismo, reforzaron la conexión entre las ideas filosófico-científicas y la explicación de realidades espirituales. El periodo griego fue muy fructífero. En términos relativos, podemos considerar que ha quedado mucho menos de los siglos posteriores, hasta llegar a mediados del siglo XII.

Un fenómeno muy importante, acontecido en esta época, de cara al desarrollo de la ciencia posterior, es la recuperación del pensamiento clásico, a la que contribuyeron pensadores árabes y algunos pensadores cristianos como Tomás de Aquino y Alberto Magno.

A esta recuperación del mundo clásico, le siguió el intento de conciliar las realidades científicas con las verdades espirituales. Muchos pensadores mostraron la inexistencia de conflicto entre ambas facetas del saber, aunque en esto hubo una gran variedad de actitudes.

Junto a esto, fue madurando el uso de dos nuevas metodologías en el conocimiento de la realidad: la experimentación y la abstracción matemática. Ellos dieron lugar a un fenómeno, que diríamos arranca con verdadera fuerza a partir del siglo XVI, denominado revolución científica.

Esta nueva forma de conocimiento modeló en gran medida la idea del hombre sobre su entorno y sobre sí mismo, y es la base del actual funcionamiento de la actividad científica.

En la actualidad, la actividad científica viene influenciada por muchas otras motivaciones, y su desarrollo lo explicaré detalladamente en los apartados 3 y 4 del presente tema.

2. HISTORIA DE LA CONSTRUCCIÓN DE LA BIOLOGÍA Y LA GEOLOGÍA

En la elaboración de este capítulo hemos optado por escoger algunas ramas de la biología y la geología y exponer su evolución en el tiempo. Si el opositor se fija, verá que gran parte del texto está extraído de otros capítulos, lo que facilita su estudio. En concreto hemos escogido textos del T9, T22 y T63 del presente temario.

Una tendencia que podríamos seguir para exponer el desarrollo histórico de la biología y geología es la explicación de los avances que ocurrieron en diferentes épocas. No obstante, me parece más interesante, desde el punto de vista didáctico, otra estrategia, que es la que seguiré.

He escogido cuatro líneas de pensamiento dentro de la biología y la geología y realizaré una exposición lineal del desarrollo histórico de cada una de ellas. Evidentemente, hay avances dentro de estas ciencias que quedarán sin comentar, del mismo modo que quedarían si optásemos por una exposición puramente cronológica.

No obstante, espero que, al no perderse el hilo conductor, y al pasar varias veces por la misma época, la estrategia escogida sea un mejor ejemplo de respuesta a una cuestión que podría plantearse de la siguiente forma: "¿cómo se ha ido construyendo el conocimiento biológico y geológico que tenemos actualmente?"

Las líneas escogidas son la interpretación histórica del origen de la vida, la idea de los seres vivos como entidades compuestas por células, la clarificación de las bases biológicas de la herencia y la causa de los fenómenos orogénicos. Los expondré a continuación en este orden.

2.1. Interpretación histórica del origen de la vida

2.1.1. La teoría de la generación espontánea

Desde la época clásica hasta entrado el siglo XVII, la forma mayoritaria de entender científicamente la aparición de formas vivas sobre el planeta venía de la mano de la Teoría de la generación espontánea. Cuando contemplamos esta idea actualmente, nos parece de poco peso y rigor científico, pero conviene puntualizar que se trataba de una posibilidad muy acorde con los conocimientos y herramientas científicas de aquel momento histórico (los mecanismos reproductores de animales pequeños no estaban descritos en detalle, no se conocía la existencia de vida microscópica,...) Científicos relevantes como **William Harvey** mantenían esta idea, al menos para seres vivos sencillos, e incluso existían protocolos experimentales (como las recetas del médico belga **Van Helmont**) en los que se exponían las condiciones para obtener determinadas especies vivas por generación espontánea.

Las primeras discrepancias serias con esta teoría las expresa **Sir Thomas Browne** (médico y pensador inglés) en 1646, en su libro *"Pseudodoxia Epidemica: Enquiries into Very many Received Tenets, and commonly Presumed Truths"*.

Tras estas reflexiones preliminares se van añadiendo evidencias de formas de vida desconocidas, provinentes de la serie de observaciones microscópicas del siglo XVII, realizadas por **Anthony Van Leeuwenhoek, Marcello Malpighi, Nehemiam Grew, Robert Hooke, Jan Swammerdam y Reigner De Graaf,** entre otros. Sin embargo, esta serie de observaciones, que alcanzaron gran popularidad social por su carácter novedoso, reforzaban la teoría de la generación espontánea, ya que lo más natural era pensar que los seres observados se formaban por esta vía.

Los trabajos de **Francesco Redi** en 1688 con moscas carnívoras aportan un argumento experimental de primer orden contra la teoría. Poniendo carne en frascos de cristal, observó que sólo "surgían" moscas de aquellos fragmentos de carne en los que el acceso previo de otra mosca estaba permitido. Eran pues los huevos depositados, y no la carne, el punto de origen de las formas vivas. No obstante, el mismo Redi consideraba que la generación espontánea se daba en otros casos, como en las agallas. Fue el médico **Antonio Vallisnieri** (1661-1730) quien explicó que las agallas eran secreciones patológicas producidas por la picadura de un áfido, y que los insectos surgían de huevos previos.

A partir de la experiencia de Redi, la idea de que la vida macroscópica se originaba mediante mecanismos espontáneos fue diluyéndose. No obstante, se sucedían las observaciones de que la vida microscópica sí que seguía un mecanismo de surgimiento espontáneo. En 1768, el biólogo italiano **Lazzaro Spallanzani** demostró que los microbios están presentes en el aire y pueden ser destruidos por calor. Sin embargo, muestras esterilizadas de este modo volvían a contaminarse y el fenómeno se seguía observando.

El experimento concluyente fue aportado por **Louis Pasteur** en 1861, en el que empleó los famosos matraces con cuello de cisne para conseguir un protocolo de esterilización eficiente. Con este impedimento estructural, la contaminación bacteriana de muestras previamente esterilizadas se hizo imposible en la práctica.

2.1.2. La hipótesis de Oparin-Haldane

Como idea intelectual, pueden verse ligeras insinuaciones de esta hipótesis en el pensamiento de uno de los filósofos empiristas del sur de Italia ya en el siglo V antes de Cristo, Empédocles de Agrigento, que afirmó que la Tierra tenía en la antigüedad un poder generador que ahora no tiene y que en esa época se generaron numerosas especies que se han ido perdiendo por competencia con otras.

La hipótesis fue formalmente descrita por Oparin y Haldane de forma independiente a finales de la década de los 20, en dos obras tituladas "El origen de la vida". En ellas, critican algunas visiones históricas del problema, como la generación espontánea o la idea de que la vida ha existido desde siempre en el universo y ha migrado a la Tierra, y proponen que la vida se originó hace mucho tiempo en algún lugar del planeta y fue precedida por un largo periodo de evolución química de compuestos ricos en carbono y nitrógeno. Los puntos fundamentales de su exposición quedan expuestos en el T22. Creo que no es necesario detallarlos en la oposición en este tema.

Esta hipótesis no resuelve el problema del origen de la vida, pero sí establece un marco teórico ordenado sobre el que futuros experimentos irán ayudando a elaborar la visión científica actualmente más aceptada de este proceso.

2.1.3. Hipótesis alternativas

En enero de 1956, Stanley W. Fox, un científico del Instituto de Evolción Molecular de la Universidad de Miami, publicaba en *Nature*, apoyada por datos experimentales, la siguiente idea. En el camino desde la materia orgánica soluble al origen de las células hay un **paso intermedio: la formación de microesferas proteicas**. Fox había conseguido que péptidos pequeños se autoensamblaran en pequeñas esferas empleando condiciones muy semejantes a las que se suponían para la atmósfera primitiva.

En 1985, Alexander Cairns-Smith, químico de la Universidad de Glasgow, explicó en su libro *"Seven clues to the origin of life"* que cierto tipo de **cristales son capaces de autoreplicar su estructura sobre un soporte sólido formado por arcillas**. Según esta idea, los primeros procesos de autoreplicación podrían haberse producido gracias a sistemas inorgánicos sin que fuese necesario ningún soporte genético orgánico.

En los años 80, Günter Wachtershäuser, químico alemán, elaboró algunos trabajos hablando de la posibilidad de situar el **origen de la vida en las fuentes hidrotermales submarinas ricas en compuestos de azufre**. La energía empleada en los procesos vivos no procedería directamente del Sol sino del calor presente en la Tierra y de la oxidación de compuestos reducidos ricos en azufre. Otra idea interesante en la que insistió Wächtershäuser es que **la evolución metabólica es anterior a la consecución de un mecanismo autoreplicativo** y de un compuesto químico que lo sustente.

Otra forma de enfocar la cuestión proviene de la hipótesis de la **panspermia**, según la cual existirían semillas de vida por todo el Universo (se ha empleado el término exogénesis para referirse a un origen externo sin necesidad de asumir que su distribución sea ubicua). Se encuentran referencias tempranas a esta idea en el filósofo griego Anaxágoras (S.V a.C) y el antropólogo francés Benoit de Maillet (1743). Posteriormente es una idea contemplada por científicos tan relevantes como el químico sueco Svante Arrhenius o el astrónomo inglés Frederick Hoyle, y que sigue teniendo peso en la discusión actual del origen de la vida. De todas formas, aunque esta fuese la explicación correcta, no haría más que trasladar el enigma del origen de la vida a otra localización, pero continuaría sin resolverlo.

2.1.4. ¿Cuál fue el origen de las moléculas orgánicas?

El experimento publicado por **Stanley Miller** en la revista *Science* el 15 de Mayo de **1953** se considera la primera prueba contundente de la hipótesis de Oparin-Haldane.

Miller aplicó una descarga eléctrica a una mezcla de metano, amoniaco, hidrógeno y vapor de agua (componentes de la atmósfera primitiva aceptados en aquella época). Sorprendentemente el resultado no fue una mezcla aleatoria de compuestos orgánicos sino una disolución especialmente enriquecida en algunos aminoácidos (alanina, glicina, ácido glutámico y ácido aspártico), hidroxiácidos y urea.

En **1961**, el bioquímico catalán **Joan Oró** publicó en *Nature* la síntesis de adenina a partir de cianuro de hidrógeno, exponiéndola como una reacción sorprendentemente sencilla.

En **1968**, el grupo de **Leslie E. Orgel**, publicó la obtención de cianoacetileno a partir de metano e hidrógeno. Esta molécula es un precursor de la síntesis de pirimidinas (uracilo y citosina).

Aunque habían pasado desapercibidos, dos estudios de **1861** del químico ruso **Alexander Butlerow**, cobraron importancia tras el experimento de Miller y han sido reconsiderados en el debate sobre el origen de la vida. En ellos se había conseguido la síntesis directa de azúcares a partir de formaldehido.

Una de las críticas fundamentales de todos estos estudios se ha desarrollado a partir de datos recientes que parecen indicar que la atmósfera primitiva no era tan reductora como se pensaba. No obstante, la variedad de condiciones de la que parten las experiencias anteriores hace pensar que la síntesis orgánica espontanea a partir de precursores inorgánicos pudo producirse en algún lugar y momento de la Tierra primitiva.

2.2. ¿Cómo llegamos a saber que los seres vivos están formados por células?

2.2.1. Primeras observaciones de células

Algunos autores citan a Hans Janssen y Zacharias Hanssen (su hijo) como los inventores del microscopio compuesto, en 1590, pero esta afirmación no está suficientemente documentada, y muchos autores consideran anónimo al primer fabricante de este invento. En el siglo XVII encontramos una serie de hábiles constructores de microscopios que empezaron a realizar observaciones de los tejidos vivos en esa nueva perspectiva dimensional. Algunas de sus aportaciones son importantes para la gestación de lo que será enunciado como la teoría celular en el siglo XIX. Pasaré a hacer un comentario breve de las mismas.

Marcello Malpighi, médico italiano, en su obra *"De pulmonibus observationes anatomicae"* (1661), explica que los pulmones están constituidos por una red de células de paredes muy finas. En otro trabajo describe las células piramidales de la corteza cerebral. Cabe destacar también la descripción de células en tallos vegetales, realizada pocos años después por el médico inglés **Nehemian Grew**. Ambos, sin embargo, no llegaron a detectar el significado universal de las células.

El microscopista de más renombre, considerado padre de la microbiología, **Antoni Van Leeuwenhoek**, describe los espermatozoides de muchas especies (aunque el primero que los cita es otro holandés, Jan Hamm). Dejó constancia en sus ilustraciones de animalículos presentes en las infusiones (se trata de las primeras observaciones de células procariotas).

Robert Hooke fue un científico inglés polifacético, junto a sus importantes aportaciones de matemáticas, química y física, es conocido en biología por su obra "Microcraphia or some phisiological descriptions of minutes bodies made by magniphying glasses", escrita en 1665. En ella se recoge el primer uso del término "célula", para referirse a las cavidades observadas en la estructura microscópica del corcho. Aunque Hooke emplea el término en un sentido diferente que los citólogos posteriores (ya que él consideró que las células del corcho eran cámaras que permitían el transporte de fluidos en la planta), el término moderno "célula" viene directamente de este libro.

Otras observaciones importantes de células en el siglo XVII son las realizadas por **Swammerdam** (que observó las células de la sangre) y por **Regnier De Graaf**, médico holandés que describió por primera vez que la fecundación humana tenía lugar en las trompas de Falopio, oponiéndose a la descripción aristotélica, y observó las células implicadas, denominando célula huevo a lo que hoy conocemos como folículos de De Graaf.

Seguidamente, encontramos observaciones de estructuras intracelulares. En 1781, unos trabajos de **Felice Fontana**, físico del norte de Italia, muestran el núcleo de células epiteliales. Son aún más relevantes las conclusiones del botánico escocés, **Robert Brown**, quien en 1831 es el primero en referirse al núcleo como un constituyente esencial de todas las células vivas.

2.2.2. La formulación de la teoría celular

En la década de 1830 se introdujeron los primeros microscopios acromáticos, que eliminaban el defecto óptico denominado "aberración cromática" permitiendo una mayor resolución. Se progresó también considerablemente en las técnicas de conservación y tratamiento de muestras. Ambas mejoras técnicas permitieron la aparición de observaciones histológicas mucho más precisas.

En 1938, el botánico alemán **Matthias Jakob Schleiden** afirmó que todo elemento estructural de las plantas está compuesto por células o por sus productos. El año siguiente, el zoólogo alemán **Theodor Schwann** expuso una conclusión similar referida al mundo animal. En su libro se recogen frases como las siguientes: "las partes elementales de todos los tejidos están formadas por células" o "existe un principio universal de desarrollo para las partes elementales de los organismos... y dicho principio es la formación de células". Las conclusiones de Schleiden y Schwann son reconocidas como la formulación oficial de la teoría celular.

Esta teoría, no obstante, sería completada posteriormente. En la descripción de Schleiden, se habla de un "núcleo de cristalización" (refiriéndose al núcleo celular) alrededor del que se va formando el "citoblasto" (actual citoplasma) por un proceso progresivo de crecimiento. Mediante este proceso, similar a la cristalización mineral a partir de un punto de nucleación, se formarían las nuevas células. Esta idea recuerda, aunque en una dimensión celular, a la teoría de la generación espontánea. Una cantidad de materia inerte pasa a constituir, sin concurso de nada más, la unidad fundamental de la vida.

Los trabajos de **Robert Remak, Rudolf Virchow y Albert Kölliker**, a principios de la década de 1850, rechazan claramente esta idea. El origen de nuevas células y la formación de tejidos pasa a entenderse según el mecanismo expuesto en la célebre frase de Virchow: *"omnis cellula e cellula"* (toda célula procede de una célula pre-existente).

La teoría celular constituye un pilar fundamental de la biología, por dos razones:

- Provee el elemento de unidad del mundo vivo: la célula
- Establece el concepto de organismo: conjunto de células y productos

La célula se ha convertido desde este enunciado no sólo en el sujeto de la vida, sino en el sujeto de la patología. Es la célula la que "enferma". Y esta visión de la enfermedad centrada en la célula (expresada por Virchow como la *"Cellularpathologie"*) no será sustituida hasta la aparición de la reciente patología molecular.

2.2.3. La descripción histórica del interior celular

Tras los trabajos de Schleiden y Schwann, la constitución de la célula se limitaba a una pared externa, un material gelatinoso denominado protoplasma (que Kölliker renombrara "citoplasma") y el núcleo.

A partir de 1870, numerosos logros técnicos (aceite de inmersión, microtomía, nuevas técnicas de fijación y colorantes,...) mejoraron enormemente las observaciones microscópicas.

En 1882, Walther Flemming, un médico alemán, describe con extraordinario detalle la mitosis y emplea por primera vez el término "cromatina" para referirse al material genético condensado. En 1888, Wilhelm Waldeyer, acuña el término cromosoma.

En 1897, C. Garnier, con la denominación "ergastoplasma", describe el actual retículo endoplasmático. En 1898, Carl Benda nombra las mitocondrias (ya observadas por otros autores antes) y Camilo Golgi describe el orgánulo que lleva su nombre.

PUEDE AMPLIARSE ESTE APARTADO, SI SE DESEA, CON UNA BREVE REFERENCIA A LA TEORÍA NEURONAL, PERO NO ES ESTRICTAMENTE NECESARIO (VER T22).

2.3. En busca de los mecanismos de la herencia

2.3.1. Antes de Mendel

La idea de que los seres vivos mantienen rasgos morfológicos, fisiológicos y psicológicos presentes ya en sus progenitores debe ser seguramente tan antigua como la humanidad. Es igualmente antigua la asociación entre el acto sexual y la procreación. Por ello, debe remontarse también a tiempos antiguos la cuestión sobre una entidad, transmitida sexualmente, portadora de la información capaz de generar un organismo algo semejante a sus progenitores. **¿Cuál es el mecanismo o la sustancia portadora de esta información genética?**

Encontramos explicaciones curiosas ya en la **antigua Grecia**. Según Aristóteles, el macho y la hembra tienen funciones distintas en la génesis del nuevo ser. Del primero le vendría la forma (el alma) y de la hembra la materia, proveniente de la sangre menstrual. El alma estaría contenida en el esperma, en una sustancia denominada *pneuma*.

Otra explicación que, si bien hablan de ella filósofos griegos como Leucipo de Mileto o Demócrito, encuentra su máximo esplendor en el siglo XVII, es el **preformacionismo**. Los espermatozoides habían sido observados or primera vez al microscopio y se creía que contenían en miniatura un ser humano preformado que ya sólo debía crecer. Los defensores de estas ideas fueron Malpighi, Swammerdam, Spallanzani,... entre otros. Conviene reseñar brevemente dos corrientes, los ovistas y los espermistas, que debatían entre si era el óvulo o el espermatozoide el lugar en que se hallaba el ser humano en miniatura. Estas ideas fueron desmontadas por los trabajos de C.F. Wolf y K.E. von Baer (durante los siglos XVIII-XIX, que mostraron cómo en el citoplasma de las células germinales tan sólo había un fluido que, tras mezclarse en la fecundación, debería dar lugar al nuevo ser. A partir de aquí se propusieron algunas ideas sobre cómo evolucionaría este fluido.

A finales del siglo XIX, Roux y Weismann propusieron la **teoría del desarrollo en mosaico**. Esta sostiene que el plasma germinal de la primera célula de un organismo (lo que hoy llamaríamos citoplasma) contiene una serie de determinantes que se reparten diferencialmente entre las células hijas dirigiendo el desarrollo del nuevo ser. Esta explicación complementa las ideas de Darwin de que existían unas partículas hereditarias ("gémulas") que, producidas por cada parte del cuerpo, eran enviadas a las gónadas y transmitidas en el acto reproductor. Estas gémulas llevarían la información para la construcción de los diferentes órganos (1868).

Durante el siglo XIX se propuso también la hipótesis de la **herencia por mezcla**, en la que se postulaba que en la fecundación se mezclan los fluidos y cada uno contribuye diferencialmente al nuevo ser según sea su dominancia en la mezcla. Vendría a ser como una mezcla de tinta de varios colores en la que el color resultante determinaría las características del nuevo ser.

2.3.2. Mendel

Una persona central desde la que parte el desarrollo de la genética es Johann Gregor Mendel. Nació el 22 de Julio de 1822 en la actual Hincice (República Checa). Proveniente de una familia de campesinos, tuvo grandes dificultades económicas para poder estudiar. Pese a ello, a sus 21 años había cursado física, matemáticas y filosofía en la Universidad de Olmütz. Es a esta edad cuando, aconsejado y recomendado por un profesor de física, ingresa en el monasterio agustino de Altbrünn (Brünn), donde combina las tareas educativas con los estudios de teología, ordenándose sacerdote a los 25 años.

Durante sus estudios de teología (1844-1848), gracias al apoyo del abad del monasterio de Brünn, que estaba muy interesado en temas de ciencias naturales aplicadas a la agricultura, pudo asistir a las clases de agronomía y viticultura impartidas por Franz Diebl, en las que **aprendió la técnica de la polinización artificial**, básica para sus futuros experimentos.

A sus 28 años, fue enviado a la Universidad de Viena a obtener la titulación oficial de Ciencias Naturales. No obtuvo finalmente el título, pero destacó muy notablemente en las asignaturas de física y de fisiología botánica. En ésta, impartida por el profesor F. Unger, **aprendió a aplicar la teoría celular a la fertilización de las plantas**, identificando la célula huevo y el grano de polen como los agentes transmisores de la información genética.

Otra influencia importante vino de **plantearse una cuestión** candente por aquella época en la comunidad científica, en la que Mendel estaba inmerso. **¿Contribuye la hibridación entre plantas a la aparición de nuevas especies?** Siguiendo las ideas del botánico Carl von Gärtner, que Mendel estudió, muchos creían que, aunque tras la hibridación los descendientes presentan grandes variaciones morfológicas, con el tiempo se imponían los caracteres generales de la especie, que mantenía de algún modo una *unidad sustancial* en el tiempo. Mendel apreció que **los trabajos de von Gärtner carecían de un análisis estadístico** de las poblaciones de híbridos, lo que los hacía susceptibles de la interpretación subjetiva y, por tanto, poco convincentes.

Es en este momento (1856), a sus 34 años, cuando Mendel regresa al monasterio de Brünn y **empieza a desarrollar unos experimentos con la idea de verificar esta constancia en las características de una especie pese a la hibridación**. Es decir, Mendel se propuso verificar si los descendientes de híbridos fértiles conservaban algunas características de estos híbridos, de forma que pudiesen generar a la larga nuevas especies, o si, por el contrario, las plantas estarían forzosamente destinadas a volver a los caracteres de la generación parental.

Sus estudios en este campo le llevaron al desarrollo de las conocidas leyes de la herencia, base de los posteriores estudios de genética clásica (ver más en T63).

2.3.3. El descubrimiento de los experimentos de Mendel

Es sabido que los experimentos y conclusiones de Mendel no fueron conocidos por la comunidad científica hasta 34 años más tarde de su publicación, unos 15 años después de su muerte.

En el año 1900, **Hugo de Vries**, profesor de botánica en la Universidad de Amsterdam, publicó un texto titulado "La ley de segregación de los híbridos", en el que describía las conclusiones de Mendel. Cabe señalar que las ideas de este autor superaron el concepto mendeliano de segregación. De Vries denominó "pangenes" a los elementos responsables de la transmisión de los caracteres. Además, admitía la posibilidad de que los pangenes no fuesen inmutables sino que, tras sucesivos cruces, pudiesen sufrir cambios. De esta forma, la hibridación no sólo mezcla aleatoriamente información preexistente en los progenitores sino que permite cambios. Esta "teoría de los pangenes" resulta muy próxima a la teoría de la herencia formulada por Morgan años más tarde, que comentaré más adelante.

El botánico alemán **Karl Franz J.E. Correns**, especialista en estudios sobre el cultivo del maíz, realizó experimentos muy similares a los de Mendel, incluso con la misma planta (*Pisum sativum*) y publicó en 1900 *"Las reglas de G.Mendel sobre la transmisión de la descendencia en los híbridos"*.

A principios de ese mismo año, **Tschermak-Seysenegg** expuso unos resultados similares. Había estado trabajando desde 1898 en experimentos de autofecundación y cruce de híbridos en el jardín botánico de Gante (Bélgica), cuando, en 1899, tras describir las mismas leyes, descubre el trabajo de Mendel.

Es importante resaltar el papel de **William Bateson**, zoólogo y genetista inglés, quien, al conocer los experimentos de Mendel, contribuyó a consolidarlos en la comunidad científica. Introdujo el término "genética" como disciplina científica, al tiempo que ocupó la primera cátedra de dicha materia en la Universidad de Cambridge (1908-1910).

2.3.4. La teoría cromosómica de la herencia

Las leyes de Mendel tienen la peculiaridad de que no es necesario un concepto de la naturaleza física de los genes o de su mecanismo concreto de acción para entender los resultados de un cruzamiento y prever los de cruzamientos futuros. Pueden simbolizarse estos "genes" como elementos abstractos sin molestarnos en averiguar su naturaleza ni su localización en la célula, y a efectos cuantitativos las leyes de Mendel funcionan muy bien en multitud de organismos y caracteres.

No obstante, cabe hacerse la siguiente cuestión **¿en qué estructura física se encuentran los genes?** La teoría cromosómica de la herencia expone que los genes, tal como habían sido propuestos por Mendel, se encuentran en unas estructuras celulares específicas: los cromosomas, visibles al microscopio. Se trata de explicación conjunta del mismo proceso desde la citología y la genética.

Esta teoría fue enunciada claramente por **Walter S. Sutton**, un científico estadounidense, a principios de siglo XX. Por separado, en la misma fecha aproximada, el genetista austríaco **T. Boveri** llegó a las mismas conclusiones que Sutton, por lo que la idea de que el comportamiento de los cromosomas en la meiosis es la explicación de las leyes de Mendel se conoce como hipótesis de Sutton-Boveri.

2.3.5. Las aportaciones de la escuela de Morgan

En 1910, **Thomas Hunt Morgan**, profesor de zoología experimental de la Universidad de Columbia, aceptó, tras años de dura crítica y verificación experimental, las leyes de Mendel. Posteriormente, este gran experto en embriología, empezó a interesarse por la realización de estudios de genética con la mosca de la fruta (*Drosophila melanogaster*), propuesta por algunos biólogos de la época como un excelente modelo experimental.

De ahí nació una escuela de genetistas que permitió un veloz desarrollo de la genética clásica. Los desarrollos de esta escuela vienen ampliados en el T63.

2.4. ¿Cómo se forman las montañas?

Las teorías orogénicas que se han postulado a lo largo de la historia intentan explicar la formación de los orógenos, que son el conjunto de procesos que dan lugar a la formación de cadenas montañosas. Podemos clasificar estas teorías en dos grandes grupos.

2.4.1. Teorías fijistas o verticalistas

Postulan que la causa inicial de la orogenia es un movimiento vertical de elevación. No incluyen como causa el movimiento de los continentes. Las más importantes son:

-   Teoría del geosinclinal (Hall, 1859 y Dana, 1873) → La idea inicial de Hall postula que una orogenia siempre va precedida de un primer movimiento de subsidencia (provocado por la acumulación de sedimentos en una cuenca profunda). Al alcanzar estos sedimentos una profundidad suficiente que permitiese su fusión, se produciría la deformación de toda la serie estratigráfica.

    Dana modificó esta idea proponiendo que la tensión era producida por la pérdida de volumen de la superficie terrestre.

-   Teoría de las undaciones (Haarman y Van Bemmelen, 1930) → Propone dos fases para la formación de una cadena montañosa. La primera fase (tectogénesis primaria) estaría caracterizada por la formación de un gran abombamiento de la corteza (geotumor), como resultado de un proceso de individualización y ascenso de la masa magmática ligera de composición granítica del manto superior (el astenolito). En la segunda fase (tectogénesis secundaria), el abombamiento (también llamado undación) favorecería la formación de una serie de deslizamientos gravitacionales que originarían las estructuras de formación observadas (fallas, pliegues y mantos de corrimiento). Esta teoría a tenido bastante importancia durante gran parte del siglo XX.

- Teoría de la oceanización (Beloussov 1967) → Propone que ciertas zonas de la corteza continental pueden ser invadidas por masas de magama básico (típicamente oceánico), aumentando considerablemente su densidad. Esto generaría un levantamiento relativo de los bloques de corteza continental contiguos, con las lógicas consecuencias de la formación asociadas. La objeción más importante contra esta teoría es que la inserción de material magmático básico no justifica que una masa continental se torne más densa que el manto subyacente.

2.4.2. Teorías orogénicas movilistas u horizontalistas

Postulan que los movimientos horizontales de los continentes son la causa de la elevación de las montañas. Inicialmente, no fueron aceptadas porque se debían aportar previamente pruebas demostrativas de este momento horizontal de los continentes. Podemos distinguir dos teorías dentro de este grupo:

- Teoría de la deriva continental (Alfred Wegener, 1912) → Postula que los continentes se han desplazado horizontalmente repetidamente en la historia de la Tierra, separándose a partir de una única masa de tierra (Pangea) hasta adoptar su configuración actual. Wegener realizó la consideración de que los continentes eran masas de sial (de densidad menor) que flotaban en masas de sima (de densidad mayor). Este mecanismo de flotación, unido a la rotación de la Tierra, hacía que se desplazasen deformando los continentes de los bordes y formando cordilleras.

Durante la década de los 30, se empezó a hablar de las corrientes de convección del manto como posible explicación de los postulados de la deriva continental.

- Teoría de la tectónica de placas → Recoge las dos ideas anteriores (movimientos horizontales y corrientes convectivas), añade observaciones experimentales tanto del exterior como de la geodinámica interna, e integra toda esta información en un marco teórico explicativo de la dinámica de las placas tectónicas.

16

3. CÓMO SE REALIZA LA ACTIVIDAD CIENTÍFICA

3.1. El método científico

Consta de los siguientes pasos:

- **Observación:** Todos las actividades de recogida de datos, de observación de cualquier aspecto de la realidad, entrarían en este apartado. Puede requerir, en ocasiones, metodologías muy sofisticadas y diseños experimentales muy precisos. Cuanto más numerosas y de más calidad sean las observaciones, mejor enfocada estará la investigación posterior.

  Conviene también señalar que un protocolo defectuoso de observación (una preparación microscópica mal teñida, unos tiempos mal tomados, unos reactivos de concentración dudosa,...) resulta letal para el éxito de la investigación posterior.

  Dado que prácticamente cualquier estudio científico actual se apoya en datos conocidos anteriormente, el estudio de la bibliografía respecto a un determinado aspecto de la naturaleza es un rasgo imprescindible de todo buen procedimiento de observación.

- **Plantear una cuestión:** es crucial que, tras observar la realidad, el investigador sea capaz de plantearse una pregunta con dos peculiaridades:

  o que sea **relevante**, que no atienda a aspectos marginales del problema, sino que se centre en cuestiones realmente importantes para el avance del conocimiento

  o que esté planteada de forma adecuada, es decir, que su respuesta sea lo más **sencilla y clara** posible.

- **Hipótesis:** se trata de una resolución inicial, tentativa, intuitiva, de la pregunta. Es importante que no se acepte como cierta desde el momento de su formulación, sino que se vea como una posibilidad más. La hipótesis, aparte de ser útil para poder centrar el planteamiento posterior del experimento, ayuda también, al ser una primera respuesta, a pulir el planteamiento de la pregunta y ver si era suficientemente relevante y clara.

- **Planteamiento experimental:** Es el paso clave. En él se controlan algunas variables y se deja el sistema evolucionar según unos pocos parámetros. De esta forma los resultados obtenidos están, en la medida que se puede, exentos de ruido, y pueden informarnos sobre la pregunta planteada. Es muy importante tener en cuenta una serie de factores en la definición de un experimento:

o Definir con claridad la variable cuyo valor mediremos

o Definir una serie de controles. Se trata de medir, en el mismo experimento, aquellos parámetros cuya variación podría influir el valor de la variable en estudio. Estos parámetros se han de tener controlados, es decir, o evitamos que varíen o conocemos exactamente la magnitud de esta variación y de sus efectos.

o Definir la metodología de medida, para que pueda ser revisada con posterioridad en atención a posibles valores sospechosos. Debe verificarse el correcto funcionamiento del instrumento de medida y la magnitud de su error sistemático. De la misma forma, debe asegurarse al máximo la aptitud técnica del experimentador en ese procedimiento concreto, así como la idoneidad de las condiciones de trabajo (por ejemplo, un contaje de microscópico de cantidad de eritrocitos requiere que el observador no esté saturado, porque ello afecta a las medidas).

- **Observación y estudio de los resultados:** Es conveniente que sean interpretados con la máxima objetividad posible. Los procedimientos como el "doble ciego" en estudios farmacológicos son un ejemplo de este intento de objetividad. Es bueno, en este sentido, que los mismos datos los evalúen personas diferentes, o que no hayan tenido necesariamente conocimiento de las condiciones de partida, ni de la hipótesis, etc.

Un adecuado estudio de los resultados debe...

o ...verificar, de acuerdo con los controles realizados, si el experimento puede considerarse válido o no.

o ...asegurarse de que los resultados son reproducibles, es decir, que un planteamiento experimental idéntico, partiendo de las mismas condiciones, puede llegar a los mismos resultados dentro de un margen razonable.

- **Repetición de los pasos anteriores:** el ciclo observación-pregunta-hipótesis-experimento-resultados debe repetirse tantas veces como sea necesario hasta que la cantidad de conocimiento sobre un tema o aspecto concreto sea suficiente como para considerarla una aportación científica. El conjunto de suposiciones que se van ensamblando, el modo de diseñar nuevas preguntas, etc. se denomina en ciencia "modelo" de razonamiento. En el momento en que un modelo ya es lo suficientemente robusto como explicación de un fenómeno, podemos pasar al siguiente paso en esta estrategia de conocimiento.

- **Expresar el conocimiento de manera ordenado en forma de leyes o teorías:** La teoría explica las bases de un fenómeno, y sirve de punto de partida para nuevas aportaciones. Es, podríamos decir, un "modelo consolidado gracias a la enorme cantidad y calidad de resultados". No obstante, al hablar de conocimiento científico estamos siempre ante una entidad revisable, susceptible de crítica y de ser cuestionada en base a futuros hallazgos o razonamientos.

3.2. Reflexiones acerca del trabajo científico

Muchos libros de texto se limitan con frecuencia a realizar una descripción aséptica, simplemente correcta, del método científico, de sus pasos, de sus mecanismos,...

Sin que sea quizá su intención, en ocasiones puede quedarle al alumno la idea de que está ante un protocolo infalible que lleva hasta un conocimiento real objetivo. Con demasiada frecuencia se escuchan frases como *"lo ha dicho la ciencia"*, *"las evidencias científicas afirman..."*, *"desde una perspectiva puramente científica..."*

No obstante, el método científico es más identificable con un *modus operandi* ideal que con un hábito de trabajo excesivamente frecuente. Es difícil llevar a cabo una investigación científica limpia y seguir con escrupulosidad y finura todos y cada uno de los pasos anteriores.

Quisiera detenerme a explicar algunos aspectos de este tipo de metodología que hacen de ella un camino altamente frágil, que lleva al conocimiento si y sólo si se pone un enorme cuidado en su ejecución.

- **La revisión bibliográfica no siempre es exhaustiva.** En la actualidad se dispone de herramientas informáticas que agilizan enormemente este proceso. Búsquedas avanzadas, cruces entre artículos (por temáticas relacionadas, por palabras coincidentes en título/resumen, por artículos que citan el presente trabajo, por referencias citadas,....),.... todo ello hace más posible la tarea de "recopilar todo el conocimiento acerca del problema concreto de estudio".

  Existen herramientas muy sofisticadas en este sentido. Por ejemplo, bases de datos como BLAST y derivadas permiten buscar, ante un nuevo fragmento de ADN secuenciado, si alguien ha publicado algo al respecto (con tan sólo conocer la secuencia!), si está, aunque oculto, en alguna otra secuencia publicada con otro fin. Otro ejemplo, de aplicación, por ejemplo, en diseño de fármacos, son las nuevas versiones de SciFinder Scholar. Este software permite buscar toda la bibliografía referente a un compuesto químico a partir tan sólo de un fichero de coordenadas (sin que conozcamos para nada el nombre del compuesto). Permite también buscar artículos sobre derivados estructurales.

Los datos anteriores nos hacen ver que el proceso de "revisión bibliográfica es arduo" y no siempre es acometido con diligencia por quien investiga. En ocasiones por falta de voluntad, en otras por falta de tiempo o porque se priorizan otras tareas. Ello puede llevar al desgaste de energías (con la consiguiente carga económica, temporal,...), a la repetición de resultados, al estancamiento en los mismos errores metodológicos,...

- **Es indispensable un reciclaje en el conocimiento de los instrumentos y las técnicas experimentales.** Los catálogos de las empresas de reactivos químicos y kits de laboratorio son inabarcables, ya no sólo desde la perspectiva económica, sino muchas veces por el simple hecho de que el científico no tiene tiempo material para dedicarse a leerlos.

- **En los sistemas biológicos intervienen muchas variables.** Lo deseable sería que los experimentos pudiesen ocuparse de resolver preguntas concretas con independencia de la complejidad del sistema, pero el control total del resto de variables que no intervienen directamente en el estudio no siempre es posible.

- **La subjetividad de entrada está siempre presente.** La idea de que el investigador se aferre a la hipótesis de partida por cualquier motivo (el hecho de que sea suya, la facilidad práctica o la "corrección política" del resultado,...) no debe descartarse.

4. CIENCIA Y SOCIEDAD

Tanto en su motivación inicial como en los medios que emplea, la actividad científica está inmersa en la sociedad. La imagen del científico aislado es hoy en día bastante ficticia. El científico ve influenciada su actividad por la sociedad en la que vive y, de forma recíproca, sus ideas, la evolución de sus investigaciones, influyen en esta sociedad.

Comentaré dos aspectos que se derivan de esta idea anterior.

- **No es el científico el único que decide la materia de su estudio.** Existen muchos intereses que se sumarán a los personales en esta decisión. La investigación puede ser financiada por fondos públicos o privados. Tanto las empresas como los departamentos gubernamentales encargados de la gestión científica tienen intereses muchas veces ajenos al propio progreso del conocimiento, como pueden ser intereses de salud pública, económicos, políticos,...

- **La investigación se rige por reglas muy similares a las de un mercado económico.** Es necesario justificar la inversión que cierta entidad ha hecho en un determinado campo de estudio. El modo de esta justificación depende mucho del caso concreto. En ocasiones, el objetivo será el desarrollo de una patente química, en otras la publicación de los resultados en una revista científica, la obtención de unos datos de interés social, la elaboración de un informe interno,... Es decir, muchas horas del trabajo de un científico no son propiamente ciencia, sino más bien su justificación o divulgación.

Finalmente, me detendré a examinar algunos aspectos positivos y negativos de esta **interacción ciencia-sociedad.**

Algunos **aspectos positivos** son los siguientes...

- fuerza a que las cuestiones investigadas interesen a la sociedad, aunque ésta no sea directamente consciente o afectada, y no se derive hacia una ciencia desligada del bien de las personas

- ayuda a que los científicos sean diligentes en su investigación, ya que la lentitud deriva en un recorte de financiación

- favorece la publicación de los resultados científicos de cara a que sean conocidos por todos. De este modo, puede suscitarse el desarrollo de otros trabajos, los datos son expuestos al control de que sobre ellos se pueda realizar otra investigación, es más difícil el fraude científico,...

- permite que se establezca competencia entre grupos científicos. Esta cualidad de la investigación, pese a las connotaciones negativas que a veces se le atribuyen, tiene una vertiente muy rica, en el sentido de que dinamiza la actividad científica. En realidad, la competencia es uno de los motores más reales en la práctica cotidiana de la ciencia actual

No obstante, la relación ciencia-sociedad también reviste ciertos **peligros** o rasgos que hacen que les sea difícil a los científicos ejercer su actividad con limpieza...

- existen muchos campos de estudio que tienen un gran interés científico, pero su aplicabilidad a corto plazo es limitada, por lo que muchas veces son relegados en las prioridades de financiación y, lo que en la práctica viene a ser lo mismo, de dedicación. Es una queja que muchas veces se escucha desde los sectores científicos: el detrimento de la ciencia básica en aras de una ciencia aplicada, que tarde o temprano verá frenado su crecimiento por carecer de este motor de innovación

- la competencia obliga a trabajar con tensión, por lo que a veces los resultados publicados no son reproducibles, o no son "toda la verdad", o están poco contrastados con datos anteriores

- en muchas ocasiones, este afán de publicar hace que aparezcan trabajos poco novedosos, con mucha información irrelevante o conocida y muy poca aportación realmente nueva, o que se fragmente un trabajo en 4 contribuciones, para aumentar así su valor burocrático a nivel de currículum,...

- entre grupos distintos que trabajan sobre un mismo tema puede establecerse un clima de poca colaboración, que evita una aproximación a los temas de estudio mucho más abierta y fructífera

5. CONCLUSIÓN.

En este tema he tratado de explicar los rasgos principales del desarrollo de la actividad científica: su historia, los principales cambios que ha introducido en el pensamiento de la biología y la geología, la forma de trabajar de las personas que se dedican a esta disciplina y su interacción con la sociedad. Con ello, doy por concluida mi exposición.

Bibliografía útil:

ALCAMÍ, J. y otros (2002) "Biología – 2° bachillerato", Ed. SM

DRAGONI, G. ; BERGIA, S. y GOTTARDI, G. (2004) "Quién es quién en la ciencia" (Vols. I y II), Ed. Acento

MASON, S.F. (2001) "Historia de las ciencias" (Vols. I,II,III,IV,V), Alianza Editorial

TEMA 67

MOMENTOS CLAVES EN LA HISTORIA DE LA
BIOLOGÍA Y LA GEOLOGÍA. LA BIOLOGÍA Y LA
GEOLOGÍA ESPAÑOLAS EN EL CONTEXTO
MUNDIAL. PRINCIPALES ÁREAS DE
INVESTIGACIÓN ACTUAL. LAS RELACIONES
CIENCIA/TECNOLOGÍA/SOCIEDAD EN LA
BIOLOGÍA Y GEOLOGÍA

0. INTRODUCCIÓN

En el presente tema, trataré de exponer los principales logros de la biología y la geología, así como su ubicación histórica, haciendo especial mención a las contribuciones de los científicos españoles a estos campos.

La actividad científica se desarrolla en un entorno social, lo que condiciona sus fines y su desarrollo. A estos aspectos haré también referencia durante este tema.

Mi exposición se basará en el siguiente índice de contenidos... (es muy conveniente exponer con claridad, aquí al principio, el orden que se va a seguir, leer el índice de una forma ágil)

1

1. MOMENTOS CLAVE EN LA HISTORIA DE LA BIOLOGÍA

En la elaboración de este capítulo hemos optado por escoger algunas ramas de la biología y la geología y exponer su evolución en el tiempo. Si el opositor se fija, verá que gran parte del texto está extraído de otros capítulos, lo que facilita su estudio. En concreto hemos escogido textos del T22, T63 y T65 del presente temario. Nos parece que de esta forma el opositor puede cubrir muy bien los requerimientos de este tema y aprovechar contenidos estudiados anteriormente.

Una tendencia que podríamos seguir para exponer el desarrollo histórico de la biología es la explicación de los avances que ocurrieron en diferentes épocas. No obstante, me parece más interesante, desde el punto de vista didáctico, otra estrategia, que es la que seguiré.

He escogido cuatro líneas de pensamiento dentro de la biología y realizaré una exposición lineal del desarrollo histórico de cada una de ellas. Evidentemente, hay avances dentro de estas ciencias que quedarán sin comentar, del mismo modo que quedarían si optásemos por una exposición puramente cronológica.

No obstante, espero que, al no perderse el hilo conductor, y al pasar varias veces por la misma época, la estrategia escogida sea un mejor ejemplo de respuesta a una cuestión que podría plantearse de la siguiente forma: "¿cómo se ha ido construyendo la biología que conocemos actualmente?"

Las líneas escogidas son el estudio de la evolución de las especies, la interpretación histórica del origen de la vida, la idea de los seres vivos como entidades compuestas por células y la clarificación de las bases biológicas de la herencia. Los expondré a continuación en este orden.

1.1. Los estudios sobre la evolución de las especies

1.1.1. Influencias iniciales. Linneo y Buffon.

Podríamos decir que, desde tiempos muy antiguos, la humanidad se ha planteado la pregunta acerca del origen de los diferentes tipos de seres vivos e inertes que componen el mundo natural.

Las explicaciones que, a partir de Lamarck y Cuvier en el siglo XIX, empiezan a darse sobre este fenómeno vienen influenciadas por muchos conocimientos científicos anteriores. Sería imposible citar todas las aportaciones científicas previas que nutren estas primeras teorías sobre la evolución. Por ello, he optado por explicar sólo brevemente dos de ellas: los trabajos de Linneo y de Buffon.

El trabajo más conocido de **Linneo** es el *Systema naturae*, escrito en 1735 en 11 páginas tamaño folio, cuando este científico sueco se acababa de trasladar a la Universidad de Leyden tras la defensa de su tesis doctoral. En esta obra,

Linneo presenta en forma de tabla la clasificación de animales, plantas y minerales.

En esta época, la explicación más extendida de la diversidad de seres vivos era el **creacionismo**, que explica la diversidad de especies como consecuencia de un acto creador inicial de un ser divino. Esta explicación iba generalmente asociada a la convicción de que las especies vivas no cambian a lo largo del tiempo (**fijismo**).

Muchos textos ubican a Linneo como un defensor del creacionismo. Parece cierto que Linneo era profundamente religioso y que normalmente las ideas creacionistas no se cuestionaban en la época por considerarse en buena concordancia con los relatos bíblicos. También es cierto que, en un principio, Linneo pensaba que las especies no evolucionaban. No obstante, en algún momento llegó a considerar que las especies podían evolucionar por cruzamiento (los vegetales) y que esto respondía a una forma de continuación del acto creador inicial.

Buffon fue un científico francés contemporáneo de Linneo, que trabajó como director del Jardín du Roi durante 50 años. Desde allí, dirigió la elaboración de la *Histoire naturelle*, una obra que acabó teniendo 44 volúmenes y que se convirtió en uno de los textos más difundidos e influyentes de la época.

De la **obra de Buffon**, que fue extensísima a parte de esta enciclopedia, pueden extraerse algunos **puntos** que fueron **claves** para el desarrollo de las futuras teorías evolucionistas:

- el afán por fundar una disciplina científica autónomo, independiente de la teología
- la introducción del concepto de "tiempo geológico" como una magnitud que sobrepasa con mucho las dimensiones de la existencia humana
- la introducción de disciplinas como la paleontología, la zoología geográfica o la psicología animal como partes de la ciencia naturalista
- el rechazo explícito a las ideas fijistas y la previsión de muchas de las dificultades que encontraría el pensamiento evolucionista para instaurarse

Buffon, si bien pensaba que el mecanicismo era insuficiente para explicar los procesos biológicos, defendió que éstos podían explicarse en términos meramente químicos. Las moléculas orgánicas podrían formarse a partir de las inorgánicas bajo ciertas condiciones (una clara anticipación de las ideas de Oparin y del experimento de Miller). De esta forma, **eliminó la referencia a cualquier elemento trascendente o misterioso a la hora de explicar el origen de la vida**.

Buffon, en un principio, negó que las especies tuviesen un origen unitario y posteriormente, tras sus estudios sobre mamíferos pequeños y animales de América, admitió esta posibilidad.

1.1.2. La teoría de Lamarck

Lamarck fue un naturalista francés que desarrolló su actividad en las últimas décadas del siglo XVIII y primeras del XIX.

Las primeras notas sobre sus teorías evolutivas pueden encontrarse en una obra que tituló *Recherches su l'organisation des corps vivants...* (París, 1802). No obstante, en esta obra, Lamarck habla básicamente de química.

En una obra del mismo año (*"Système des animaux sans vertèbres..."*) enuncia su concepto de vida y las condiciones necesarias para que aparezca, al tiempo que expresa su convencimiento de que los seres vivos no fueron creados todos en un único momento, sino que son el resultado de una evolución gradual en el tiempo. De hecho, años más tarde, Lamarck propondrá una nueva clasificación de los seres vivos basada en su historia evolutiva.

La última gran obra de Lamarck se tituló *Histoire naturelle des animaux sans vertèbres*. Fue una obra en siete volúmenes, culminada en 1822, de la que Lamarck tuvo que dictar algunas partes por haberse quedado ciego en 1818. En ella se exponen las **ideas evolucionistas de Lamarck**, que pueden resumirse en cuatro sencillas leyes:

- la naturaleza tiende hacia formas cada vez más complejas
- la influencia del medio ayuda a la aparición de órganos nuevos
- el uso/desuso modula la estructura de los órganos
- los caracteres adquiridos se heredan

Por esta última ley, se conocen las ideas evolucionistas de Lamarck como **Teoría de los caracteres adquiridos**.

1.1.3. Darwin y su teoría de la evolución

Charles Robert Darwin fue un importante científico inglés nacido en 1809. A sus 22 años, tras probar varios estudios, **tuvo la oportunidad de embarcarse como naturalista de un barco que iba a explorar algunas zonas de América, el** ***Beagle***. Este viaje duró desde el 27 de diciembre de 1831 al 2 de octubre de 1836, siendo la experiencia más importante que marcó la vida de Darwin.

Para hacernos una idea de la **intensidad del trabajo** de Darwin, comentaré algunas cifras. Durante el viaje escribió 779 páginas de diario, y 1383 notas de geología. Recogió 1529 muestras de varias especies que conservó en alcohol, y más de 3900 muestras que conservó en seco (huesos, pieles, conchas,...).

A su regreso, **compartió estas muestras y las ideas desarrolladas con numerosos expertos de diferentes campos**: las plantas se las dejó a Henslow, los peces a Leonnard Jenyns, los coleópteros a F.H. Hope, los hongos a M.J. Berkeley, los fósiles a Richard Owen, los mamíferos e insectos a George Waterhoose, los reptiles a Thomas Bell, los corales a William Londsdale,... al tiempo que mantuvo numerosas conversaciones con Lyell y J.D. Hooker. Todo ello nos da una idea del rigor que buscó en la elaboración de los postulados de su teoría.

Cuando llevaba más de 10 años desarrollando estas ideas sobre la selección natural, Darwin se encontró con un texto de un joven científico neozelandés llamado **A.R. Wallace**. Darwin publicó el ensayo de Wallace en las actas de la *Linnean Society* de Londres en 1858, añadiendo un extracto de la obra que él estaba preparando. Aunque la obra de Wallace tuvo poco eco en la comunidad científica, fue determinante para que Darwin se apresurara a elaborar la suya, que fue publicada el 24 de noviembre de 1859 con el título *"On the origin of species by means of natural selection, or the preservation of favoured races in the struggle for life"*.

Para hacernos una idea del éxito de esta obra de Darwin y de la repercusión inmediata que tuvo en la comunidad científica, cito algunos datos. Los 1250 ejemplares de la primera edición se agotaron el primer día. Los 3000 de la segunda, en unos meses. En unos 15 años se vendieron unos 16000 ejemplares y se tradujo a los principales idiomas europeos.

Podemos resumir **la teoría de Darwin** en seis postulados:

- la cantidad de individuos de una especie que es tolerada por un medio permanece más o menos constante
- existe una tendencia a la superproducción de individuos nuevos
- la mortalidad intraespecífica es muy alta
- los individuos de una misma especie difieren en muchos rasgos
- algunos individuos presentan caracteres que les permiten adaptarse mejor al medio, por lo que sus probabilidades de reproducción serán mayores
- los caracteres se transmiten de padres a hijos

1.1.4. Otras explicaciones

La respuesta a la cuestión sobre el cambio en las especies vivas ha sido refinada por aproximaciones posteriores a Darwin como son la teoría sintética (Dobzhansky, 1937), la teoría neutralista (Kimura, 1983) o el puntualismo (Gould, finales del siglo XX). VER TEMA 65 PARA MÁS INFORMACIÓN.

1.2. Interpretación histórica del origen de la vida

1.2.1. La teoría de la generación espontánea

Desde la época clásica hasta entrado el siglo XVII, la forma mayoritaria de entender científicamente la aparición de formas vivas sobre el planeta venía de la mano de la Teoría de la generación espontánea. Cuando contemplamos esta idea actualmente, nos parece de poco peso y rigor científico, pero conviene puntualizar que se trataba de una posibilidad muy acorde con los conocimientos y herramientas científicas de aquel momento histórico (los mecanismos reproductores de animales pequeños no estaban descritos en detalle, no se conocía la existencia de vida microscópica,...) Científicos relevantes como **William Harvey** mantenían esta idea, al menos para seres vivos sencillos, e incluso existían protocolos experimentales (como las recetas del médico belga **Van Helmont**) en los que se exponían las condiciones para obtener determinadas especies vivas por generación espontánea.

Las primeras discrepancias serias con esta teoría las expresa **Sir Thomas Browne** (médico y pensador inglés) en 1646, en su libro *"Pseudodoxia Epidemica: Enquiries into Very many Received Tenets, and commonly Presumed Truths"*.

Tras estas reflexiones preliminares se van añadiendo evidencias de formas de vida desconocidas, provinentes de la serie de observaciones microscópicas del siglo XVII, realizadas por **Anthony Van Leeuwenhoek, Marcello Malpighi, Nehemiam Grew, Robert Hooke, Jan Swammerdam y Reigner De Graaf**, entre otros. Sin embargo, esta serie de observaciones, que alcanzaron gran popularidad social por su carácter novedoso, reforzaban la teoría de la generación espontánea, ya que lo más natural era pensar que los seres observados se formaban por esta vía.

Los trabajos de **Francesco Redi** en 1688 con moscas carnívoras aportan un argumento experimental de primer orden contra la teoría. Poniendo carne en frascos de cristal, observó que sólo "surgían" moscas de aquellos fragmentos de carne en los que el acceso previo de otra mosca estaba permitido. Eran pues los huevos depositados, y no la carne, el punto de origen de las formas vivas. No obstante, el mismo Redi consideraba que la generación espontánea se daba en otros casos, como en las agallas. Fue el médico **Antonio Vallisnieri** (1661-1730) quien explicó que las agallas eran secreciones patológicas producidas por la picadura de un áfido, y que los insectos surgían de huevos previos.

A partir de la experiencia de Redi, la idea de que la vida macroscópica se originaba mediante mecanismos espontáneos fue diluyéndose. No obstante, se sucedían las observaciones de que la vida microscópica sí que seguía un mecanismo de surgimiento espontáneo. En 1768, el biólogo italiano **Lazzaro Spallanzani** demostró que los microbios están presentes en el aire y pueden ser destruidos por calor. Sin embargo, muestras esterilizadas de este modo volvían a contaminarse y el fenómeno se seguía observando.

El experimento concluyente fue aportado por **Louis Pasteur** en 1861, en el que empleó los famosos matraces con cuello de cisne para conseguir un protocolo de esterilización eficiente. Con este impedimento estructural, la contaminación bacteriana de muestras previamente esterilizadas se hizo imposible en la práctica.

1.2.2. La hipótesis de Oparin-Haldane

Como idea intelectual, pueden verse ligeras insinuaciones de esta hipótesis en el pensamiento de uno de los filósofos empiristas del sur de Italia ya en el siglo V antes de Cristo, Empédocles de Agrigento, que afirmó que la Tierra tenía en la antigüedad un poder generador que ahora no tiene y que en esa época se generaron numerosas especies que se han ido perdiendo por competencia con otras.

La hipótesis fue formalmente descrita por Oparin y Haldane de forma independiente a finales de la década de los 20, en dos obras tituladas "El origen de la vida". En ellas, critican algunas visiones históricas del problema, como la generación espontánea o la idea de que la vida ha existido desde siempre en el universo y ha migrado a la Tierra, y proponen que la vida se originó hace mucho tiempo en algún lugar del planeta y fue precedida por un largo periodo de evolución química de compuestos ricos en carbono y nitrógeno. Los puntos fundamentales de su exposición quedan expuestos en el T22. Creo que no es necesario detallarlos en la oposición en este tema.

Esta hipótesis no resuelve el problema del origen de la vida, pero sí establece un marco teórico ordenado sobre el que futuros experimentos irán ayudando a elaborar la visión científica actualmente más aceptada de este proceso.

1.2.3. Hipótesis alternativas

En enero de 1956, Stanley W. Fox, un científico del Instituto de Evolción Molecular de la Universidad de Miami, publicaba en *Nature*, apoyada por datos experimentales, la siguiente idea. En el camino desde la materia orgánica soluble al origen de las células hay un **paso intermedio: la formación de microesferas proteicas.** Fox había conseguido que péptidos pequeños se autoensamblaran en pequeñas esferas empleando condiciones muy semejantes a las que se suponían para la atmósfera primitiva.

En 1985, Alexander Cairns-Smith, químico de la Universidad de Glasgow, explicó en su libro *"Seven clues to the origin of life"* que cierto tipo de **cristales son capaces de autoreplicar su estructura sobre un soporte sólido formado por arcillas.** Según esta idea, los primeros procesos de autoreplicación podrían haberse producido gracias a sistemas inorgánicos sin que fuese necesario ningún soporte genético orgánico.

En los años 80, Günter Wachtershäuser, químico alemán, elaboró algunos trabajos hablando de la posibilidad de situar el **origen de la vida en las fuentes hidrotermales submarinas ricas en compuestos de azufre.** La energía empleada en los procesos vivos no procedería directamente del Sol sino del calor presente en la Tierra y de la oxidación de compuestos reducidos ricos en azufre. Otra idea interesante en la que insistió Wächtershäuser es que **la evolución metabólica es anterior a la consecución de un mecanismo autoreplicativo** y de un compuesto químico que lo sustente.

Otra forma de enfocar la cuestión proviene de la hipótesis de la **panspermia**, según la cual existirían semillas de vida por todo el Universo (se ha empleado el término exogénesis para referirse a un origen externo sin necesidad de asumir que su distribución sea ubicua). Se encuentran referencias tempranas a esta idea en el filósofo griego Anaxágoras (S.V a.C) y el antropólogo francés Benoit de Maillet (1743). Posteriormente es una idea contemplada por científicos tan relevantes como el químico sueco Svante Arrhenius o el astrónomo inglés Frederick Hoyle, y que sigue teniendo peso en la discusión actual del origen de la vida. De todas formas, aunque esta fuese la explicación correcta, no haría más que trasladar el enigma del origen de la vida a otra localización, pero continuaría sin resolverlo.

1.2.4. ¿Cuál fue el origen de las moléculas orgánicas?

El experimento publicado por **Stanley Miller** en la revista *Science* el 15 de Mayo de **1953** se considera la primera prueba contundente de la hipótesis de Oparin-Haldane.

Miller aplicó una descarga eléctrica a una mezcla de metano, amoniaco, hidrógeno y vapor de agua (componentes de la atmósfera primitiva aceptados en aquella época). Sorprendentemente el resultado no fue una mezcla aleatoria de compuestos orgánicos sino una disolución especialmente enriquecida en algunos aminoácidos (alanina, glicina, ácido glutámico y ácido aspártico), hidroxiácidos y urea.

En **1961**, el bioquímico catalán **Joan Oró** publicó en *Nature* la síntesis de adenina a partir de cianuro de hidrógeno, exponiéndola como una reacción sorprendentemente sencilla.

En **1968**, el grupo de **Leslie E. Orgel**, publicó la obtención de cianoacetileno a partir de metano e hidrógeno. Esta molécula es un precursor de la síntesis de pirimidinas (uracilo y citosina).

Aunque habían pasado desapercibidos, dos estudios de **1861** del químico ruso **Alexander Butlerow**, cobraron importancia tras el experimento de Miller y han sido reconsiderados en el debate sobre el origen de la vida. En ellos se había conseguido la síntesis directa de azúcares a partir de formaldehido.

Una de las críticas fundamentales de todos estos estudios se ha desarrollado a partir de datos recientes que parecen indicar que la atmósfera primitiva no era tan reductora como se pensaba. No obstante, la variedad de condiciones de la que parten las experiencias anteriores hace pensar que la síntesis orgánica espontanea a partir de precursores inorgánicos pudo producirse en algún lugar y momento de la Tierra primitiva.

1.3. ¿Cómo llegamos a saber que los seres vivos están formados por células?

1.3.1. Primeras observaciones de células

Algunos autores citan a Hans Janssen y Zacharias Hanssen (su hijo) como los inventores del microscopio compuesto, en 1590, pero esta afirmación no está suficientemente documentada, y muchos autores consideran anónimo al primer fabricante de este invento. En el siglo XVII encontramos una serie de hábiles constructores de microscopios que empezaron a realizar observaciones de los tejidos vivos en esa nueva perspectiva dimensional. Algunas de sus aportaciones son importantes para la gestación de lo que será enunciado como la teoría celular en el siglo XIX. Pasaré a hacer un comentario breve de las mismas.

Marcello Malpighi, médico italiano, en su obra *"De pulmonibus observationes anatomicae"* (1661), explica que los pulmones están constituidos por una red de células de paredes muy finas. En otro trabajo describe las células piramidales de la corteza cerebral. Cabe destacar también la descripción de células en tallos vegetales, realizada pocos años después por el médico inglés **Nehemian Grew**. Ambos, sin embargo, no llegaron a detectar el significado universal de las células.

El microscopista de más renombre, considerado padre de la microbiología, **Antoni Van Leeuwenhoek**, describe los espermatozoides de muchas especies (aunque el primero que los cita es otro holandés, Jan Hamm). Dejó constancia en sus ilustraciones de animalículos presentes en las infusiones (se trata de las primeras observaciones de células procariotas).

Robert Hooke fue un científico inglés polifacético, junto a sus importantes aportaciones de matemáticas, química y física, es conocido en biología por su obra "Microcraphia or some phisiological descriptions of minutes bodies made by magniphying glasses", escrita en 1665. En ella se recoge el primer uso del término "célula", para referirse a las cavidades observadas en la estructura microscópica del corcho. Aunque Hooke emplea el término en un sentido diferente que los citólogos posteriores (ya que él consideró que las células del corcho eran cámaras que permitían el transporte de fluidos en la planta), el término moderno "célula" viene directamente de este libro.

Otras observaciones importantes de células en el siglo XVII son las realizadas por **Swammerdam** (que observó las células de la sangre) y por **Regnier De Graaf**, médico holandés que describió por primera vez que la fecundación humana tenía lugar en las trompas de Falopio, oponiéndose a la descripción aristotélica, y observó las células implicadas, denominando célula huevo a lo que hoy conocemos como folículos de De Graaf.

Seguidamente, encontramos observaciones de estructuras intracelulares. En 1781, unos trabajos de **Felice Fontana**, físico del norte de Italia, muestran el núcleo de células epiteliales. Son aún más relevantes las conclusiones del botánico escocés, **Robert Brown**, quien en 1831 es el primero en referirse al núcleo como un constituyente esencial de todas las células vivas.

1.3.2. La formulación de la teoría celular

En la década de 1830 se introdujeron los primeros microscopios acromáticos, que eliminaban el defecto óptico denominado "aberración cromática" permitiendo una mayor resolución. Se progresó también considerablemente en las técnicas de conservación y tratamiento de muestras. Ambas mejoras técnicas permitieron la aparición de observaciones histológicas mucho más precisas.

En 1938, el botánico alemán **Matthias Jakob Schleiden** afirmó que todo elemento estructural de las plantas está compuesto por células o por sus productos. El año siguiente, el zoólogo alemán **Theodor Schwann** expuso una conclusión similar referida al mundo animal. En su libro se recogen frases como las siguientes: "las partes elementales de todos los tejidos están formadas por células" o "existe un principio universal de desarrollo para las partes elementales de los organismos... y dicho principio es la formación de células". Las conclusiones de Schleiden y Schwann son reconocidas como la formulación oficial de la teoría celular.

Esta teoría, no obstante, sería completada posteriormente. En la descripción de Schleiden, se habla de un "núcleo de cristalización" (refiriéndose al núcleo celular) alrededor del que se va formando el "citoblasto" (actual citoplasma) por un proceso progresivo de crecimiento. Mediante este proceso, similar a la cristalización mineral a partir de un punto de nucleación, se formarían las nuevas células. Esta idea recuerda, aunque en una dimensión celular, a la teoría de la generación espontánea. Una cantidad de materia inerte pasa a constituir, sin concurso de nada más, la unidad fundamental de la vida.

Los trabajos de **Robert Remak, Rudolf Virchow y Albert Kölliker**, a principios de la década de 1850, rechazan claramente esta idea. El origen de nuevas células y la formación de tejidos pasa a entenderse según el mecanismo expuesto en la célebre frase de Virchow: *"omnis cellula e cellula"* (toda célula procede de una célula pre-existente).

La teoría celular constituye un pilar fundamental de la biología, por dos razones:

- Provee el elemento de unidad del mundo vivo: la célula
- Establece el concepto de organismo: conjunto de células y productos

La célula se ha convertido desde este enunciado no sólo en el sujeto de la vida, sino en el sujeto de la patología. Es la célula la que "enferma". Y esta visión de la enfermedad centrada en la célula (expresada por Virchow como la *"Cellularpathologie"*) no será sustituida hasta la aparición de la reciente patología molecular.

1.3.3. La descripción histórica del interior celular

Tras los trabajos de Schleiden y Schwann, la constitución de la célula se limitaba a una pared externa, un material gelatinoso denominado protoplasma (que Kölliker renombrara "citoplasma") y el núcleo.

A partir de 1870, numerosos logros técnicos (aceite de inmersión, microtomía, nuevas técnicas de fijación y colorantes,...) mejoraron enormemente las observaciones microscópicas.

En 1882, Walther Flemming, un médico alemán, describe con extraordinario detalle la mitosis y emplea por primera vez el término "cromatina" para referirse al material genético condensado. En 1888, Wilhelm Waldeyer, acuña el término cromosoma.

En 1897, C. Garnier, con la denominación "ergastoplasma", describe el actual retículo endoplasmático. En 1898, Carl Benda nombra las mitocondrias (ya observadas por otros autores antes) y Camilo Golgi describe el orgánulo que lleva su nombre.

PUEDE AMPLIARSE ESTE APARTADO, SI SE DESEA, CON UNA BREVE REFERENCIA A LA TEORÍA NEURONAL, PERO NO ES ESTRICTAMENTE NECESARIO (VER T22).

1.4. En busca de los mecanismos de la herencia

1.4.1. Antes de Mendel

La idea de que los seres vivos mantienen rasgos morfológicos, fisiológicos y psicológicos presentes ya en sus progenitores debe ser seguramente tan antigua como la humanidad. Es igualmente antigua la asociación entre el acto sexual y la procreación. Por ello, debe remontarse también a tiempos antiguos la cuestión sobre una entidad, transmitida sexualmente, portadora de la información capaz de generar un organismo algo semejante a sus progenitores. **¿Cuál es el mecanismo o la sustancia portadora de esta información genética?**

Encontramos explicaciones curiosas ya en la **antigua Grecia**. Según Aristóteles, el macho y la hembra tienen funciones distintas en la génesis del nuevo ser. Del primero le vendría la forma (el alma) y de la hembra la materia, proveniente de la sangre menstrual. El alma estaría contenida en el esperma, en una sustancia denominada *pneuma*.

Otra explicación que, si bien hablan de ella filósofos griegos como Leucipo de Mileto o Demócrito, encuentra su máximo esplendor en el siglo XVII, es el **preformacionismo**. Los espermatozoides habían sido observados or primera vez al microscopio y se creía que contenían en miniatura un ser humano preformado que ya sólo debía crecer. Los defensores de estas ideas fueron Malpighi, Swammerdam, Spallanzani,... entre otros. Conviene reseñar brevemente dos corrientes, los ovistas y los espermistas, que debatían entre si era el óvulo o el espermatozoide el lugar en que se hallaba el ser humano en miniatura. Estas ideas fueron desmontadas por los trabajos de C.F. Wolf y K.E. von Baer (durante los siglos XVIII-XIX, que mostraron cómo en el citoplasma de las células germinales tan sólo había un fluido que, tras mezclarse en la fecundación, debería dar lugar al nuevo ser. A partir de aquí se propusieron algunas ideas sobre cómo evolucionaría este fluido.

A finales del siglo XIX, Roux y Weismann propusieron la **teoría del desarrollo en mosaico**. Esta sostiene que el plasma germinal de la primera célula de un organismo (lo que hoy llamaríamos citoplasma) contiene una serie de determinantes que se reparten diferencialmente entre las células hijas dirigiendo el desarrollo del nuevo ser. Esta explicación complementa las ideas de Darwin de que existían unas partículas hereditarias ("gémulas") que, producidas por cada parte del cuerpo, eran enviadas a las gónadas y transmitidas en el acto reproductor. Estas gémulas llevarían la información para la construcción de los diferentes órganos (1868).

Durante el siglo XIX se propuso también la hipótesis de la **herencia por mezcla**, en la que se postulaba que en la fecundación se mezclan los fluidos y cada uno contribuye diferencialmente al nuevo ser según sea su dominancia en la mezcla. Vendría a ser como una mezcla de tinta de varios colores en la que el color resultante determinaría las características del nuevo ser.

1.4.2. Mendel

Una persona central desde la que parte el desarrollo de la genética es Johann Gregor Mendel. Nació el 22 de Julio de 1822 en la actual Hincice (República Checa). Proveniente de una familia de campesinos, tuvo grandes dificultades económicas para poder estudiar. Pese a ello, a sus 21 años había cursado física, matemáticas y filosofía en la Universidad de Olmütz. Es a esta edad cuando, aconsejado y recomendado por un profesor de física, ingresa en el monasterio agustino de Altbrünn (Brünn), donde combina las tareas educativas con los estudios de teología, ordenándose sacerdote a los 25 años.

Durante sus estudios de teología (1844-1848), gracias al apoyo del abad del monasterio de Brünn, que estaba muy interesado en temas de ciencias naturales aplicadas a la agricultura, pudo asistir a las clases de agronomía y viticultura impartidas por Franz Diebl, en las que **aprendió la técnica de la polinización artificial**, básica para sus futuros experimentos.

A sus 28 años, fue enviado a la Universidad de Viena a obtener la titulación oficial de Ciencias Naturales. No obtuvo finalmente el título, pero destacó muy notablemente en las asignaturas de física y de fisiología botánica. En ésta, impartida por el profesor F. Unger, **aprendió a aplicar la teoría celular a la fertilización de las plantas**, identificando la célula huevo y el grano de polen como los agentes transmisores de la información genética.

Otra influencia importante vino de **plantearse una cuestión** candente por aquella época en la comunidad científica, en la que Mendel estaba inmerso. **¿Contribuye la hibridación entre plantas a la aparición de nuevas especies?** Siguiendo las ideas del botánico Carl von Gärtner, que Mendel estudió, muchos creían que, aunque tras la hibridación los descendientes presentan grandes variaciones morfológicas, con el tiempo se imponían los caracteres generales de la especie, que mantenía de algún modo una *unidad sustancial* en el tiempo. Mendel apreció que **los trabajos de von Gärtner carecían de un análisis estadístico** de las poblaciones de híbridos, lo que los hacía susceptibles de la interpretación subjetiva y, por tanto, poco convincentes.

Es en este momento (1856), a sus 34 años, cuando Mendel regresa al monasterio de Brünn y **empieza a desarrollar unos experimentos con la idea de verificar esta constancia en las características de una especie pese a la hibridación**. Es decir, Mendel se propuso verificar si los descendientes de híbridos fértiles conservaban algunas características de estos híbridos, de forma que pudiesen generar a la larga nuevas especies, o si, por el contrario, las plantas estarían forzosamente destinadas a volver a los caracteres de la generación parental.

Sus estudios en este campo le llevaron al desarrollo de las conocidas leyes de la herencia, base de los posteriores estudios de genética clásica (ver más en T63).

1.4.3. El descubrimiento de los experimentos de Mendel

Es sabido que los experimentos y conclusiones de Mendel no fueron conocidos por la comunidad científica hasta 34 años más tarde de su publicación, unos 15 años después de su muerte.

En el año 1900, **Hugo de Vries**, profesor de botánica en la Universidad de Amsterdam, publicó un texto titulado "La ley de segregación de los híbridos", en el que describía las conclusiones de Mendel. Cabe señalar que las ideas de este autor superaron el concepto mendeliano de segregación. De Vries denominó "pangenes" a los elementos responsables de la transmisión de los caracteres. Además, admitía la posibilidad de que los pangenes no fuesen inmutables sino que, tras sucesivos cruces, pudiesen sufrir cambios. De esta forma, la hibridación no sólo mezcla aleatoriamente información preexistente en los progenitores sino que permite cambios. Esta "teoría de los pangenes" resulta muy próxima a la teoría de la herencia formulada por Morgan años más tarde, que comentaré más adelante.

El botánico alemán **Karl Franz J.E. Correns**, especialista en estudios sobre el cultivo del maíz, realizó experimentos muy similares a los de Mendel, incluso con la misma planta (*Pisum sativum*) y publicó en 1900 *"Las reglas de G.Mendel sobre la transmisión de la descendencia en los híbridos"*.

A principios de ese mismo año, **Tschermak-Seysenegg** expuso unos resultados similares. Había estado trabajando desde 1898 en experimentos de autofecundación y cruce de híbridos en el jardín botánico de Gante (Bélgica), cuando, en 1899, tras describir las mismas leyes, descubre el trabajo de Mendel.

Es importante resaltar el papel de **William Bateson**, zoólogo y genetista inglés, quien, al conocer los experimentos de Mendel, contribuyó a consolidarlos en la comunidad científica. Introdujo el término "genética" como disciplina científica, al tiempo que ocupó la primera cátedra de dicha materia en la Universidad de Cambridge (1908-1910).

1.4.4. La teoría cromosómica de la herencia

Las leyes de Mendel tienen la peculiaridad de que no es necesario un concepto de la naturaleza física de los genes o de su mecanismo concreto de acción para entender los resultados de un cruzamiento y prever los de cruzamientos futuros. Pueden simbolizarse estos "genes" como elementos abstractos sin molestarnos en averiguar su naturaleza ni su localización en la célula, y a efectos cuantitativos las leyes de Mendel funcionan muy bien en multitud de organismos y caracteres.

No obstante, cabe hacerse la siguiente cuestión **¿en qué estructura física se encuentran los genes?** La teoría cromosómica de la herencia expone que los genes, tal como habían sido propuestos por Mendel, se encuentran en unas estructuras celulares específicas: los cromosomas, visibles al microscopio. Se trata de explicación conjunta del mismo proceso desde la citología y la genética.

Esta teoría fue enunciada claramente por **Walter S. Sutton**, un científico estadounidense, a principios de siglo XX. Por separado, en la misma fecha aproximada, el genetista austríaco **T. Boveri** llegó a las mismas conclusiones que Sutton, por lo que la idea de que el comportamiento de los cromosomas en la meiosis es la explicación de las leyes de Mendel se conoce como hipótesis de Sutton-Boveri.

1.4.5. Las aportaciones de la escuela de Morgan

En 1910, **Thomas Hunt Morgan**, profesor de zoología experimental de la Universidad de Columbia, aceptó, tras años de dura crítica y verificación experimental, las leyes de Mendel. Posteriormente, este gran experto en embriología, empezó a interesarse por la realización de estudios de genética con la mosca de la fruta (*Drosophila melanogaster*), propuesta por algunos biólogos de la época como un excelente modelo experimental.

De ahí nació una escuela de genetistas que permitió un veloz desarrollo de la genética clásica. Los desarrollos de esta escuela vienen ampliados en el T63.

2. MOMENTOS CLAVES EN LA HISTORIA DE LA GEOLOGÍA

La geología es una rama de la ciencia que se organiza tardíamente. No llega a establecerse con cierta entidad hasta finales del siglo XVII y principios del XIX, aunque sus precedentes teórico-prácticos se encuentren claramente en el período racionalista del siglo XVII.

Evidentemente, como todo rama del saber occidental, sus orígenes se remontan a Grecia y Roma, donde encontramos muy buenas descripciones de la geodinámica externa (erosión, hidrografía, orografía,...) pero sin ir acompañadas de estudios más profundos ni de planteamientos experimentales.

En la época de René Descartes y Nicolás Steno (siglo XVII) encontramos algunas teorías sobre la constitución geológica de la Tierra. Paralelamente, en la zona de Europa central, con abundante actividad minera, encontramos los primeros estudios sobre la disposición estratigráfica del suelo o sobre la creación de las rocas, que algunos engloban en una disciplina denominada geognosia. Encontramos también en esta época las teorías diluvistas, neptunistas (Werner) y plutonistas (Hutton).

En los inicios del siglo XIX irrumpe una nueva teoría, el catastrofismo, impulsada por Cuvier, que modificará por completo la visión establecida de la Tierra. Esta teoría, influida de alguna forma por el neptunismo, afirmaba que los fenómenos causantes de la morfología actual de la corteza habían actuado en el pasado de un modo impulsivo y repentino, generando deformaciones y movimientos de gran magnitud.

Cuvier defendía que el mundo, antes de la llegada de los humanos, había contado con otras formas diferentes de las habituales en la biosfera. Así, la diversidad de fósiles se explicaría por esta sucesión de faunas.

Opuesto a Cuvier encontramos a Lyell, un físico y geólogo inglés. Éste defendía la teoría uniformista, muy ligada al actualismo. Lyell afirma que son las mismas fuerzas que encontramos hoy en día sobre la superficie terrestre las que han actuado, con una intensidad muy similar, durante la historia de la Tierra. La acción de estas fuerzas durante largos períodos de tiempo explicaría la morfología actual.

Estas dos formas de pensamiento se mantuvieron enfrentadas durante la primera mitad del siglo XIX.

Comentar todos los acontecimientos de la geología en los siglos XIX/XX es demasiado pretencioso. Me limitaré a citar los más relevantes de algunas ramas.

- Paleontología (los avances en este campo están muy relacionados con las teorías evolucionistas que he comentado en el apartado anterior)
  o Hallazgo de numerosos fósiles que permiten reconstruir la línea evolutiva que supuestamente condujo a los actuales humanos. Destacan los descubrimientos de restos de Homo erectus (Dubouis, 1891 y Black, 1925), de Australopithecus (Dart, 1925), y la gran cantidad de fósiles recogidos por Richard Leakey y su equipo.

- Mineralogía
  o En 1820, Mohs establece su escala de dureza mineralógica
  o En 1830, Hessel establece las 32 clases de simetría.
  o En 1851, Bravais establece las 14 redes para estas clases de simetría y enuncia la teoría de las redes.
  o En 1912, Laue emplea rayos X para el estudio de la estructura cristalina.

- Petrografía
  o Hall descubre el procedimiento experimental para lograr una roca metamórfica.
  o En 1882, Cotta separa las rocas en magmáticas, metamórficas y sedimentarias, añadiéndose las filonianas 5 años más tarde por contribución de Rosenbuch.

- Geofísica
  o Clarke y Washington estudian la composición elemental de una gran cantidad de rocas.
  o Wegener (1910) propone sus ideas sobre la deriva continental.

3. BIOLOGÍA Y GEOLOGÍA ESPAÑOLA EN EL CONTEXTO MUNDIAL

3.1. La biología

Existen muchas contribuciones aisladas a la biología dentro del territorio español previas al Renacimiento. No obstante, muchos coinciden en asignar a esta fecha el inicio en España de la biología de cierta entidad y cohesión.

Destacan en esa época médicos instaurados en la Universidad de Valencia, primer lugar de la península donde se autorizó la realización de disecciones. En el siglo XV suenan nombres como Francisco de Arceo y Dionisio Daza, ambos cirujanos. La Universidad de Valencia, en aquella época, intercambiaba conocimientos médicos con las principales universidades italianas de esta materia, como las de Padua o Bolonia.

Ya en la Edad Moderna (siglo XVI), entre los médicos, destaca un discípulo directo de Vesalio, Pedro Gimeno. En el año 1549 publica "De re medica", la primera publicación dedicada a anatomía en español. Junto a su compañero Luís Collado, crean la Escuela de Anatomía de la Universidad, siendo pioneros en la descripción de la morfología del estribo del oído medio.

Siguiendo con la medicina, destaca la figura de Miguel Servet. En 1553, este médico aragonés publica "Chritianismi restitutio", una obra extensísima de carácter principalmente teológico en la que entra en dura oposición con Calvino. Por esta confrontación, será quemado en Ginebra por la herejía calvinista. Como un contenido marginal de su obra, que sin embargo se ha convertido en el más famoso, en el libro V describe la circulación menor de la sangre.

En botánica, es reseñable la creación del jardín botánico de Aranjuez (1555) ordenada por Felipe II, con la finalidad de traer plantas de América, y de muchos otros dispersos por el territorio nacional. Entre los naturalistas que viajan a Aamérica y catalogan las nuevas especies vivas encontramos a José de Acosta con su "Historia natural y moral de las Indias", en la que toca diversos temas de ciencias naturales, hablando por primera vez del mal de altura. Otra obra de ciencias naturales de enormes dimensiones (43 volúmenes) se la debemos a Bernabé Cobo.

Durante el siglo XVII, las contribuciones más relevantes las encontramos en la segunda mitad. Gaspar Bravo expone las ideas de William Harvey y otros conceptos de circulación sanguínea. Matías García, un médico de la Universidad de Valencia, destacó también por estudios similares. Durante este siglo, sin embargo, las ciencias naturales españolas no son especialmente relevantes.

Ya en el siglo XVII, encontramos la figura de Celestino Mutis. Este médico y botánico español, nacido en Cádiz, marchó a Colombia a sus 26 años y allí desarrolló una intensa labor como estudioso y docente de las ciencias naturales. Se convirtió en la primera persona que explicó en Colombia la física newtoniana y la teoría heliocéntrica de Copérnico. Sus aportaciones principales se dan, no obstante, en el campo de la botánica. Recorrió Colombia catalogando nuevas especies, que iba reportando por carta a Madrid y en una fructífera correspondencia con personalidades como Linneo.

En la rama zoológica, destaca un científico oscense, Félix de Azara, con unos trabajos citados por el mismo Cuvier y, más tarde, por Darwin. En estos trabajos, compara la fauna encontrada en América con los animales descritos por Buffon, haciendo notar las diferencias.

Tras un periodo de sequía científica, coincidiendo con el primer tercio del siglo XIX, encontramos algunas contribuciones importantes en el siglo XIX:

- Estudios de anatomía humana por el doctor Fourquet y su discípulo Rafael Martínez Molina. Este médico jienense, fue un apasionado de la enseñanza de la medicina, fundando en su propia casa un instituto biológico al que acudían asiduamente millares de alumnos.

- Aureliano Maestre de San Juan es importante por su contribución al desarrollo de la histología e histopatología en España. Además de los múltiples trabajos que publicó, empleando con destreza las nuevas técnicas microscópicas, se le atribuye la fundación, en 1874, de la Sociedad Histológica Española.

- Una de las figuras de la botánica del momento es Miguel Colmeiro, gracias a quien se funda, en 1871, la Sociedad Española de Historia Natural.

El último tercio del siglo XIX recoge también numerosas figuras de la medicina y biología españolas. Destaca solamente la introducción de las vacunas antirrábica y anticolérica por Jaume Ferran y los trabajos histológicos de Santiago Ramón y Cajal, por los que recibió el Premio Nobel en 1906,

La descripción de la ciencia biológica española en el siglo XX es un objetivo demasiado pretencioso para el tiempo que tenemos. Creo, sin embargo, que es de justicia la mención a Severo Ochoa por haber traído a España por segunda vez el más alto galardón científico, el Premio Nobel. Fue en 1959 y se lo dieron por una descripción en el Journal of the American Chemical Society de la proteína encargada de transferir los aminoácidos a los ARNs de transferencia durante la síntesis de proteínas.

3.2. La geología

Podemos hablar de una contribución española de cierta entidad a la geología sólo a partir del siglo XIX. En 1820, Francisco Bolós i Germá publica el primer estudio español sobre vulcanología. Posteriormente ayudará a la formación de la Escuela Especial de Minas (creada en 1835 en Madrid), que realizará un gran trabajo en la clasificación de minerales y fósiles, respaldando con sus estudios la teoría catastrofista.

De esta escuela surgieron personas con muy buena formación técnica como el ingeniero de minas Casiano del Prado, que trabajó posteriormente en las minas de Almadén y Riotinto. Destacó también como paleontólogo, descubriendo, por ejemplo, el yacimiento de San Isidro, junto al río Manzanares. En 1849, creó la Comisión Nacional del Mapa Geológico, que se dedicó a realizar mapas del terreno por todo el país, estudiando particularmente los suelos y la red hidrográfica.

Otra persona importante surgida de esta escuela fue Juan Vilanova i Piera, que se convertiría en el primer catedrático de geología de la Universidad Central. Se le atribuyen, entre muchos estudios, la elaboración del primer mapa edafológico español, concretamente centrado en la zona de Madrid.

En 1850, gracias a un grupo de mineros de la Escuela de Ingenieros de Minas de Madrid, se fundó la Revista Minera, como instrumento de difusión científico-profesional.

Destaca también, en la geología española de finales del XIX, José McPherson y Hemas, a quien se le atribuyen las primeras síntesis sobre el conocimiento de la formación geológica de la Península Ibérica. Un poco más tardío, encontramos a Lucas Mallada, un importante paleontólogo que realizó una extensa descripción de los fósiles peninsulares. Finalmente, citaré a Calderón y Arana, por su descripción mineralógica de España, realizada a principios del siglo XX.

4. PRINCIPALES ÁREAS DE INVESTIGACIÓN EN BIOLOGÍA Y GEOLOGÍA

Indicar siquiera las principales áreas en las que se centra la actividad científica de biólogos, geólogos, licenciados en ciencias ambientales, bioquímicos, biotecnólogos, ingenieros agrónomos,... ocuparía un volumen que nos parece que excede las dimensiones de la prueba.

Creemos que lo prudente sería citar de forma sistemática algunas de estas disciplinas, y que el opositor amplíe en aquellos campos en los que se encuentre más cómodo. Evidentemente, la descripción será incompleta y ello debe hacerse notar en el discurso. También es importante que a todos los campos se haga referencia como hablando de una rama importante (aunque no nos lo parezca de entrada). Puede haber algún miembro del tribunal trabajando en algún campo concreto y no le gustará que lo consideremos secundario.

Para que la exposición sea sistemática, nuestra recomendación es citar los departamentos de una facultad de biología y otra de geología y extenderse según la disponibilidad de tiempo. Por brevedad, no incluimos un listado de este tipo, ya que depende de la universidad concreta y es fácil de conseguir.

5. CONCLUSIÓN: CIENCIA Y SOCIEDAD

Tanto en su motivación inicial como en los medios que emplea, la actividad científica está inmersa en la sociedad. La imagen del científico aislado es hoy en día bastante ficticia. El científico ve influenciada su actividad por la sociedad en la que vive y, de forma recíproca, sus ideas, la evolución de sus investigaciones, influyen en esta sociedad.

Comentaré dos aspectos que se derivan de esta idea anterior.

- **No es el científico el único que decide la materia de su estudio.** Existen muchos intereses que se sumarán a los personales en esta decisión. La investigación puede ser financiada por fondos públicos o privados. Tanto las empresas como los departamentos gubernamentales encargados de la gestión científica tienen intereses muchas veces ajenos al propio progreso del conocimiento, como pueden ser intereses de salud pública, económicos, políticos,...

- **La investigación se rige por reglas muy similares a las de un mercado económico.** Es necesario justificar la inversión que cierta entidad ha hecho en un determinado campo de estudio. El modo de esta justificación depende mucho del caso concreto. En ocasiones, el objetivo será el desarrollo de una patente química, en otras la publicación de los resultados en una revista científica, la obtención de unos datos de interés social, la elaboración de un informe interno,... Es decir, muchas horas del trabajo de un científico no son propiamente ciencia, sino más bien su justificación o divulgación.

Finalmente, me detendré a examinar algunos aspectos positivos y negativos de esta **interacción ciencia-sociedad**.

Algunos **aspectos positivos** son los siguientes...

- fuerza a que las cuestiones investigadas interesen a la sociedad, aunque ésta no sea directamente consciente o afectada, y no se derive hacia una ciencia desligada del bien de las personas

- ayuda a que los científicos sean diligentes en su investigación, ya que la lentitud deriva en un recorte de financiación

- favorece la publicación de los resultados científicos de cara a que sean conocidos por todos. De este modo, puede suscitarse el desarrollo de otros trabajos, los datos son expuestos al control de que sobre ellos se pueda realizar otra investigación, es más difícil el fraude científico,...

- permite que se establezca competencia entre grupos científicos. Esta cualidad de la investigación, pese a las connotaciones negativas que a veces se le atribuyen, tiene una vertiente muy rica, en el sentido de que dinamiza la actividad científica. En realidad, la competencia es uno de los motores más reales en la práctica cotidiana de la ciencia actual

No obstante, la relación ciencia-sociedad también reviste ciertos **peligros** o rasgos que hacen que les sea difícil a los científicos ejercer su actividad con limpieza...

- existen muchos campos de estudio que tienen un gran interés científico, pero su aplicabilidad a corto plazo es limitada, por lo que muchas veces son relegados en las prioridades de financiación y, lo que en la práctica viene a ser lo mismo, de dedicación. Es una queja que muchas veces se escucha desde los sectores científicos: el detrimento de la ciencia básica en aras de una ciencia aplicada, que tarde o temprano verá frenado su crecimiento por carecer de este motor de innovación

- la competencia obliga a trabajar con tensión, por lo que a veces los resultados publicados no son reproducibles, o no son "toda la verdad", o están poco contrastados con datos anteriores

- en muchas ocasiones, este afán de publicar hace que aparezcan trabajos poco novedosos, con mucha información irrelevante o conocida y muy poca aportación realmente nueva, o que se fragmente un trabajo en 4 contribuciones, para aumentar así su valor burocrático a nivel de currículum,...

- entre grupos distintos que trabajan sobre un mismo tema puede establecerse un clima de poca colaboración, que evita una aproximación a los temas de estudio mucho más abierta y fructífera

Con este comentario acerca de las virtudes y los peligros de la interacción ciencia-sociedad, doy por finalizada mi exposición.

Bibliografía útil:

ALCAMÍ, J. y otros (2002) "Biología – 2° bachillerato", Ed. SM

DRAGONI, G. ; BERGIA, S. y GOTTARDI, G. (2004) "Quién es quién en la ciencia" (Vols. I y II), Ed. Acento

MASON, S.F. (2001) "Historia de las ciencias" (Vols. I,II,III,IV,V), Alianza Editorial

TEMA 68

SISTEMAS MATERIALES. PROPIEDADES
GENERALES Y ESPECÍFICAS.
APLICACIONES. COMPORTAMIENTO DE
LOS GASES. ESTRUCTURA DE LA MATERIA.
TEORÍA CINÉTICA Y ATÓMICO MOLECULAR.
PAPEL DE LOS MODELOS Y DE LAS
TEORÍAS.

0. INTRODUCCIÓN

El conocimiento de la constitución fundamental de la materia es un intenso campo de investigación científica aún en la actualidad. Hasta finales del siglo XIX no se conocían ni los electrones, ni los neutrones, ni su compleja estructuración para dar lugar a los diferentes tipos de átomos. En la actualidad, se conocen tantas partículas de tamaño inferior al átomo que una disciplina entera de la física, la física de partículas (también llamada física de altas energías), se dedica en exclusiva a su estudio.

En este tema, hablaré sobre el concepto de materia y sus principales propiedades. Me detendré en explicar las leyes fundamentales que rigen el comportamiento de un sistema material especial (los gases). Finalmente, expondré los experimentos que llevaron a un conocimiento del detalle interno de las partículas materiales.

Me basaré en el siguiente índice de contenidos... (es muy conveniente exponer con claridad, aquí al principio, el orden que se va a seguir, leer el índice de una forma ágil)

1

1. LA MATERIA. PROPIEDADES GENERALES.

El diccionario de la Real Academia de la Lengua presenta varias acepciones para la palabra **materia**. Las más relacionadas con el ámbito científico la definen como la **"realidad primaria de la que están hechas las cosas"**, o bien como una **"realidad espacial y perceptible por los sentidos que, con la energía, constituye el mundo físico"**.

La materia constituye el conjunto de sustancias que forman la realidad física. Éstas, podemos encontrarlas en forma de sustancias puras (con composición definida e invariable) o como mezclas.

Las sustancias puras, según su composición química, se dividen en...

- elementos (no pueden descomponerse en otras sustancias más simples → ejemplos: oro, plata, helio,...)

- compuestos (constituidas por la combinación química de varios elementos → ejemplos: agua, monóxido de carbono, carbonato de calcio,...)

Las mezclas, según su aspecto externo, pueden ser...

- homogéneas (si presentan aspecto uniforme (ejemplos → disolución de azúcar común, leche, gasolina,...)

- heterogéneas (si son distinguibles diversas zonas o fases de la mezcla externamente → ejemplos: emulsión agua-aceite, rocas tipo brecha,...)

La materia puede sufrir transformaciones físicas o químicas. ¿Cuál es la diferencia? Bien, este es un buen lugar para señalar que, aunque la física y la química estudian claramente fenómenos separados mediante herramientas también diferentes en muchas ocasiones, existe solapamiento entre algunos de sus temas de estudio. Es decir, la migración de una partícula a gran velocidad en un acelerador de partículas ¿es física o es química? Si esta partícula, un electrón, migra de un compuesto a otro en una reacción redox convencional, ¿es física o química? Bien, depende probablemente de la pregunta concreta que se quiera resolver y existirían discrepancias entre varios profesionales de ambas disciplinas.

Dicho esto, creo que hay algunas transformaciones de las sustancias de cuyo estudio suele encargarse la química y algunas en las que interviene la física. Así pues, tenemos...

- transformaciones físicas → no hay cambios (formación/rotura) en los enlaces covalentes (ejemplos: disolución de sal en agua, cambio de estado físico de una sustancia,...)

- transformaciones químicas → sí hay cambios en los enlaces covalentes (ejemplos → reacciones ácido-base, procesos redox,...)

Normalmente estas transformaciones van asociadas a cambios energéticos. Hablamos de procesos endoérgicos (absorben energía) o exoérgicos (desprenden energía). Si la energía intercambiada es calor (la forma más común) se emplean los adjetivos exotérmico/endotérmico.

La unidad de energía en el sistema internacional (SI) es el *joule*, introducido por primera vez por el físico alemán Julius Robert von Mayer en 1842. Su valor, la energía calorífica que, transformada en trabajo mecánico, equivaldría a aplicar la fuerza de 1 Newton durante 1 metro de distancia, fue determinado por el físico inglés James Prescott Joule un año más tarde.

2. LEYES PONDERALES Y VOLUMÉTRICAS

Cuando varias sustancias reaccionan para dar lugar a unos productos, existe una relación entre las cantidades de estas sustancias, expresadas como masa de sustancia (relación ponderal) o volumen que ocupa (relación volumétrica). El estudio de estas relaciones, particularmente intenso durante los siglos XVIII y XIX, llevó a la aparición de unas pautas generales de comportamiento de la materia, que podemos resumir en cuatro leyes ponderales y volumétricas.

- **Ley de la conservación de la masa** (Lavoisier, finales del s.XVIII). La materia ni se crea ni se destruye, sólo se transforma. En la actualidad, sabemos que algunas reacciones que tienen lugar, por ejemplo, en el núcleo atómico, implican la transformación de materia en energía o viceversa. Es decir, sería en estos momentos más correcto hablar de la conservación del conjunto masa-energía.

- **Ley de las proporciones constantes** (Proust, 1799). En un determinado compuesto, los elementos que lo forman siempre se combinan en una proporción de masas constante.

- **Ley de las proporciones múltiples** (Dalton, 1804). Si de la combinación de dos elementos pueden darse reacciones de formación de diferentes productos, el cociente entre las masas del mismo compuesto que participan en cada una de las reacciones es un número entero, considerando la masa del otro compuesto constante.

- **Ley de los volúmenes de combinación** (Gay-Lussac, 1805). En una reacción entre gases para formar un producto, la relación entre los volúmenes de los gases que reaccionan es un número entero.

4

3. COMPORTAMIENTO DE LOS GASES

El comportamiento de los gases puede explicarse mediante una serie de leyes muy sencillas.

3.1. Ley de Boyle-Mariotte (relación entre presión y volumen)

Si la temperatura es constante, el volumen ocupado por una masa de gas es inversamente proporcional a la presión que se ejerce sobre ella. Un enunciado más sencillo, podría ser, "para gases a temperatura constante, el producto de presión por volumen se mantiene constante".

3.2. Ley de Gay-Lussac (relación entre volumen y temperatura)

A presión constante, el volumen que ocupa un gas es directamente proporcional a su temperatura absoluta. Si el volumen desciende por debajo de un volumen umbral, el gas se transforma en líquido.

3.3. Ley de Avogadro

Considerando que la temperatura y la presión se mantienen constantes, dos recipientes que contengan un mismo volumen de gas contienen también el mismo número de moléculas.

3.4. Ecuación de estado de los gases

Las tres propiedades anteriores se pueden reunir en una misma expresión matemática, que establece la relación existente entre presión, temperatura, volumen y número de moléculas de un gas. Esta ecuación sólo se cumple estrictamente en el caso de los gases ideales.

Según esta expresión, el producto de la presión por el volumen es igual al producto de tres factores: moles de gas, temperatura y un valor constante.

El valor de esta constante puede obtenerse gracias a un dato de carácter universal. Sabemos que un mol de cualquier gas a 273 K y 1 atmósfera ocupa 22,4 litros. De este modo, obtenemos que la constante de los gases ideales vale 0,082 atm l/mol ·K

3.5. Ley de Dalton (de las presiones parciales)

En una mezcla de gases, la presión total del conjunto es igual a la suma de las presiones parciales de cada componente. Se entiende por presión parcial la presión que ejercería ese gas si el resto desapareciesen imaginariamente de la mezcla.

3.6. Propiedades macroscópicas de los gases (diagramas de fases)

Si expresamos en un gráfico bidimensional la temperatura (en abscisas) y la presión (en ordenadas), para cada gas pueden representarse unas curvas que indican las condiciones exactas en las que ese gas cambia de estado. Estas representaciones se denominan diagramas de fases (ver figura).

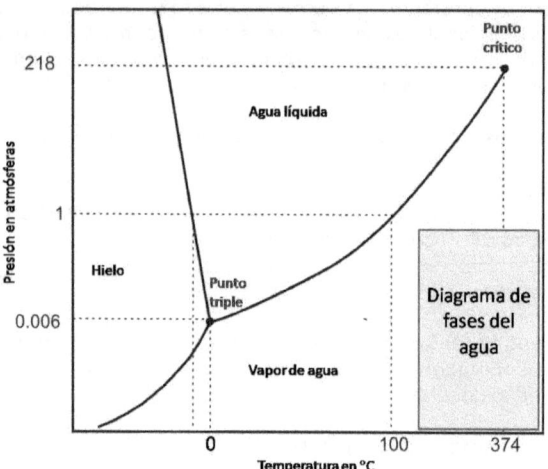

En este tipo de representaciones pueden distinguirse claramente tres zonas que corresponden a los tres estados físicos, determinados por las variables presión y temperatura.

El punto de ebullición de una sustancia depende de su presión, y queda representado en la gráfica como el lugar de intersección entre la curva que separa líquido de vapor y una paralela al eje de abscisas que esté a la altura de la presión concreta. Ese mismo punto, para referirnos al paso inverso, recibe el nombre de punto de condensación. Análogamente pueden definirse los puntos de sublimación, solidificación, licuefacción y congelación.

El **punto triple** representa unas condiciones muy especiales en las que coexisten en equilibrio los estados sólido líquido y gaseoso. El **punto crítico** es aquel conjunto de condiciones que permiten que una sustancia presente densidades idénticas en estado gaseoso y líquido. Este estado especial fue descrito por el ingeniero francés Charles Cagniard de la Tour en 1822. Por encima de los valores de presión y temperatura existentes en el punto crítico, la sustancia pasaría a un estado de **fluido súpercrítico**. Este tipo de compuestos son muy utilizados para fines industriales (fabricación de biodiesel, captación del exceso de CO_2, oxidación de sustancias tóxicas empleando agua supercrítica,...)

3.7. Teoría cinética de los gases

a) Ubicación histórica

En la *Hydrodynamica* de **Bernouilli**, publicada en 1739, ya aparecen ideas como que los gases consisten en un conjunto de muchas partículas que se mueven aleatoriamente en todas direcciones, que la presión es una medida de la intensidad y frecuencia de las colisiones de estas partículas con la pared, o que el calor transmitido por un gas no es más que la transformación de la energía cinética de estas partículas. Este conjunto de ideas no se extendió por la comunidad científica por dos razone: i) el principio de conservación de la energía no estaba enunciado con claridad, y ii) la elasticidad completa de los choques entre partículas no era una evidencia clara

Otra contribución importante a la teoría cinética, aunque no muy considerada en su tiempo, proviene de unos estudios de **John Herapath**, un físico inglés, en 1820. Tratando de entender el origen de la atracción gravitatoria, propuso un modelo de partículas en movimiento para ver cómo eran capaces de generar una acción a distancia. Postuló cosas como que el momento de una partícula en un gas es una medida de la temperatura absoluta del gas. Llegó incluso a establecer que el producto de volumen y presión es proporcional al cuadrado de la temperatura. Esta conclusión es errónea, pero sólo porque en vez de emplear la energía cinética empleo el momento como medida de temperatura.

En 1856, **August Krönig** realizó un modelo cinético simple de un gas, considerando únicamente el movimiento de traslación de las partículas. En 1857, **Rudolf Clausius** desarrolló (parece que de forma independiente) una versión más sofisticada de este modelo, incluyendo los movimientos de rotación y traslación de las partículas.

En 1859, **James Clerk Maxwell** formuló la conocida distribución de Maxwell de las velocidades de las partículas, que permite calcular la proporción de partículas que presentan velocidades comprendidas en un rango. La aportación de Maxwell se considera la primera ley basada en estadística en la historia de la física. En este sentido, también es importante el desarrollo matemático de la distribución de **Boltzmann**.

A partir de estas aportaciones, es común el desarrollo de ecuaciones y formalismos que tratan de conectar las propiedades macroscópicas con lo que está sucediendo a nivel microscópico. Esto es lo que hace fundamentalmente la teoría cinética para el caso concreto de los gases, pero es de aplicación a múltiples campos de los que actualmente se ocupa una disciplina científica denominada termodinámica estadística.

Antes de finalizar, señalar otra mejora importante en el desarrollo de la teoría cinética. Se trata del desarrollo del formalismo que describe el movimiento browniano, desarrollado por **Albert Einstein** en 1905.

b) Requisitos de los que parte la teoría cinética

- el gas consiste en un conjunto de partículas diminutas, cada una de las cuales posee una masa definida

- la cantidad de partículas es elevada, lo que permite el tratamiento estadístico

- las partículas, en continuo movimiento, chocan unas contra otra y con las paredes

- estos choques son perfectamente elásticos

- el volumen ocupado por las partículas es despreciable en comparación con el volumen total del recipiente

- las partículas son perfectamente esféricas y de naturaleza elástica

- la energía cinética promedio de las partículas depende únicamente de la temperatura del sistema

- los efectos relativistas pueden considerarse ausentes por su magnitud (

- los efectos mecanocuánticos son prácticamente inexistentes (en otros términos: *"la distancia entre partículas es muy superior a la λ de De Broglie, por lo que las partículas pueden ser tratadas mediante física clásica"*)

- el tiempo que dura una colisión es despreciable con respecto al tiempo que transcurre entre colisiones

- las ecuaciones de movimiento de las partículas son reversibles en el tiempo

c) ¿En qué consiste la teoría cinética? Aplicación a la predicción de magnitudes concretas

La teoría cinética trata de conectar la fluctuación de propiedades macroscópicas con variaciones en la estructura microscópica de los gases.

Su marco teórico permite explicar algunas de las propiedades macroscópicas más comunes. Enunciaré muy brevemente la predicción de la presión y la temperatura conociendo la masa, número de partículas, volumen y temperatura (me referiré a un gas contenido en un recipiente cúbico)...

a) **presión** → esta magnitud es igual al cociente entre una fuerza y el área sobre la que se aplica. La fuerza que hace el gas se explicaría como la suma de la energía de todas las colisiones de las partículas con la pared del recipiente. En definitiva, **la presión se calcularía como el producto entre el número de partículas, la masa y el cuadrado de esta velocidad, y dividiendo todo por el triple del volumen.**

Evidentemente puede llegarse a expresiones más simplificadas como la siguiente. **La presión es igual a un tercio de la densidad del gas por el cuadrado de la velocidad promedio de las partículas.**

b) **temperatura** → puede obtenerse mediante la siguiente expresión. **La temperatura es igual a un tercio de la masa por el cuadrado de la velocidad, dividido todo por la constante de Boltzmann.**

4. ESTRUCTURA DE LA MATERIA

4.1. La materia es discontinua

Se ha aceptado desde la Antigüedad (estudios de los atomistas, como **Demócrito de Abdera** en el siglo V a.C.) que la materia es discontinua, y que está compuesta de partículas indivisibles. Ahora bien, el descubrimiento de que las supuestas partículas indivisibles están compuestas de otras más pequeñas, de las que cada vez conocemos más tipos, plantea la pregunta de si existe algún límite a esta continua subdivisión de partículas.

No obstante, podemos considerar el átomo como una partícula elemental que, si bien sabemos en la actualidad que no es indivisible, resulta una buena base para estructurar los modelos sobre estructura de la materia que veremos a continuación.

Así, diremos que una sustancia elemental está compuesta de átomos de un mismo tipo, mientras que en una sustancia compuesta encontramos átomos de diversos tipos, formando un nivel estructural superior que llamamos molécula.

4.2. El modelo atómico de Rutherford

Rutherford bombardeó finas láminas de oro con partículas alfa y midió la desviación que se producía en su trayectoria. Mediante una batería exhaustiva de experiencias de este tipo, llegó a proponer un modelo de la estructura del átomo, que explicaba que en éste se distinguen dos zonas...

- el núcleo, situado internamente, formado por partículas positivas (protones) y neutras (neutrones). En esta zona se ubicaría prácticamente la totalidad de la masa atómica. En la actualidad, la suma de neutrones y protones se emplea como una medida de la masa del átomo (número másico), cuya variación indica los diferentes isótopos de un mismo elemento

- la corteza, situada en la periferia, formada por electrones, responsables de las carga negativa del átomo.

Ahora bien, sucesivos estudios han mostrado algunas deficiencias de este modelo...

- propone que los electrones giran en órbitas circulares

- supone que la masa del electrón es nula

- no considera que los electrones de la corteza se repelen entre sí

Evidentemente, muchos otros datos y propiedades atómicas conocidas más recientemente no quedan explicadas por este modelo sencillo. No obstante, fue un punto de partida importante.

4.3. La energía de los electrones está cuantizada (Teoría de Planck)

Lo que enuncia este subtítulo es el siguiente paso en la comprensión de la estructura atómica. Al descubrimiento de esta afirmación (que los electrones sólo pueden presentar energías de unos valores determinados) se llegó tras múltiples estudios.

Una primera idea que se desarrolló fue el **concepto de cuerpo negro**. Se trata de aquel cuerpo capaz de absorber absolutamente toda la energía electromagnética que recibe (no refleja nada) y emitirla en forma de energía térmica. Así pues, un cuerpo de estas características es un transductor que intercambia sin pérdidas dos tipos de energía.

Estudios llevados a cabo a finales del siglo XIX sobre la radiación que puede emitir un cuerpo negro ideal concluyeron en la **Ley de Stefan-Boltzmann**. Según este principio: la energía térmica emitida por un cuerpo negro es directamente proporcional a la cuarta potencia de su temperatura absoluta. El factor de proporcionalidad se conoce como constante de Boltzmann y tiene un valor de $5,67 \cdot 10^{-8}$ W/(m$^2 \cdot$K^4).

En este mismo contexto encontramos la **Ley de Wien**, que especifica la existencia de una relación inversa entre la longitud de onda en la que se produce el máximo de emisión de un cuerpo negro y su temperatura absoluta. La constante de proporcionalidad es de ~0.003 m.

La generalización de estas y muchas otras observaciones relativas a la emisión/absorción de radiación por cuerpos materiales se recoge en la **Ley de Planck**:

"Cuando un cuerpo material absorbe/emite energía en forma de radiación, sólo puede hacerlo mediante cantidades discretas (quanta) de energía cuyo valor viene determinado por la expresión hv, donde v es la frecuencia de la radiación y h un valor constante"

La constante h se denomina constante de Planck y tiene un valor de $6,624 \cdot 10^{-34}$ J ·s.

4.4. El efecto fotoeléctrico

La teoría de Planck fue empleada para explicar numerosos fenómenos físicos. Entre ellos, destaca su papel en la explicación del efecto fotoeléctrico. En 1905 Albert Einstein acometió esta tarea.

Era conocido, por estudios experimentales, que la al incidir luz sobre una superficie metálica limpia, se desprenden electrones de esta superficie. Para cada metal en concreto, existe una frecuencia de luz por debajo de la cual ésta ya no es capaz de arrancar electrones del metal (frecuencia umbral).

Einstein supuso que la luz incidente se compone de pequeños paquetes de energía que denominó fotones. La energía de un fotón podía calcularse como el producto de la frecuencia de la radiación por la constante de Planck. La radiación incidente posee un número discreto de fotones, cada uno con un valor discreto de energía. Es decir, la energía de la luz incidente está cuantizada (no varía de forma continua sino a intervalos discretos).

Existe una energía que une a cada electrón a la placa metálica. Los fotones incidentes lograrán arrancar un electrón sólo si son capaces de comunicarle una energía superior a ésta. El exceso de energía de los fotones se transforma en energía cinética de los electrones emitidos.

4.5. Los espectros de líneas

Otro problema que interesó a los físicos de finales de siglo XIX fue la interpretación de los espectros de líneas. Su resolución llevaría a Niels Bohr a formular su modelo atómico poco años más tarde.

¿Qué es un espectro? Muchas fuentes emisoras de radiación emiten a varias longitudes de onda (λ). Si separamos la radiación correspondiente a cada λ, obtenemos un espectro (un ejemplo sencillo conocido desde siempre es el arco iris).

Este ejemplo corresponde a un espectro continuo. Si existiese una separación clara (ausencia de radiación) entre diferentes λ, diríamos que es un espectro de líneas.

Cada elemento o compuesto químico, al ser atravesado por la luz blanca, presenta un espectro característico. El espectro de líneas del H fue descrito durante el siglo XIX.

En 1885, Johann Balmer encontró que las frecuencias (inversa de λ) representadas en el espectro del H se ajustaban a una ecuación muy sencilla. La extensión de esta fórmula para predecir frecuencias que se obtenían fuera del espectro visible dio lugar a una expresión más general denominada ecuación de Rydberg. Esta ecuación expresa que, siendo n_1 y n_2 dos números enteros sencillos, las frecuencias encontradas serán directamente proporcionales a la diferencia entre las inversas de los cuadrados de estos números. La constante de proporcionalidad se denomina constante de Rydberg y tiene un valor de $1,097 \cdot 10^{-7}$ m^{-1}.

4.6. El modelo atómico de Bohr

El modelo de Rutherford y las interpretaciones similares surgidas a raíz de él adolecían de un problema básico. Según el electromagnetismo clásico, una partícula que gire alrededor del núcleo emitiría energía, por lo que acabaría quedándose sin energía cinética y colapsando con el núcleo.

Tratando de superar esta limitación, tomando algunas ideas como la cuantización de la energía de Planck, Niels Bohr propone en 1913 un nuevo modelo atómico que podría resumirse en los siguientes puntos:

-   Los electrones de un átomo sólo pueden ocupar órbitas de ciertos radios, correspondientes a valores discretos de energía. Estos niveles de energía pueden describirse con números cuánticos.

-   un electrón situado en una de estas órbitas concretas no irradia energía, por lo que no colapsaría hacia el núcleo.

-   un electrón emite/absorbe energía cuando pasa de un estado a otro. Esta energía se emite/absorbe en forma de un fotón ($E=h\nu$).

Este modelo, si bien es un muy buen punto de partida para estudios posteriores, presenta algunas limitaciones.

-   Predice muy bien el espectro del hidrógeno pero no el de átomos más complejos

-   No considera la naturaleza ondulatoria del movimiento electrónico

4.7. La mecánica cuántica y los orbitales atómicos

Pretender explicar con sentido algo sobre los actuales modelos de estructura atómica basados en mecánica cuántica es casi más ridículo que pretencioso. Obviamente, el espacio de la prueba es muy limitado para este tipo de desarrollos. Me limitaré a exponer unas muy breves pinceladas sobre las ideas de la mecánica cuántica aplicadas al problema concreto de entender cómo se estructuran los electrones en los átomos.

Una de las ideas que empezó a cobrar importancia tras el modelo de Bohr es la **naturaleza dual de la radiación (hipótesis de De Broglie)**. Según las condiciones experimentales, podemos hablar de la radiación como un fenómeno ondulatorio o como un fenómeno corpuscular.

Esta idea permitió el planteamiento de algunas cuestiones interesantes como el **principio de incertidumbre de Heisenberg**, según el cual, a grandes rasgos, no podemos conocer la posición exacta de una partícula y su momento lineal. Es decir, el concepto de trayectoria, si bien era importante en física clásica, no tiene sentido al explicar la movilidad de los electrones según la mecánica cuántica.

La **mecánica cuántica**, que emplea muchos de los razonamientos descritos hasta aquí, puede considerarse **formalmente inaugurada con la ecuación de onda de Schrödinger**, propuesta por este científico en 1926. Esta expresión recoge las características ondulatorias y corpusculares del electrón, y con ella surge una nueva forma de entender la distribución electrónica.

El cálculo asociado a la mecánica cuántica escapa las pretensiones de esta prueba de oposición. Simplemente diré que las soluciones de la ecuación de Schrödinger son una serie de funciones de onda cuyo significado físico no corresponde a ningún concepto intuitivo. El cuadrado de cada una de estas funciones indica la probabilidad de encontrar un electrón en una determinada zona del espacio.

La resolución de la ecuación de Schrödinger para el átomo de hidrógeno es posible. Niveles de complejidad superior no tienen solución analítica, por lo que es necesario recurrir a diversas aproximaciones. En este contexto se incluyen algunas estrategias como los cálculos *ab initio*, la teoría del funcional de la densidad,... que son empleados con frecuencia en estudios sobre estructura molecular, propios de la química computacional.

La resolución analítica de la ecuación de Schrödinger para el átomo de hidrógeno produce un conjunto de funciones de onda con sus correspondientes valores asociados de energía. Estas funciones se denominan orbitales. Un orbital indica, a grandes rasgos, la ubicación espacial de uno o un par de electrones.

Para describir las características de un orbital se emplean **tres números cuánticos: n, l y m$_l$**.

- el **número cuántico principal** (n) toma valores enteros positivos. Cuanto mayor es este número, indica un mayor tamaño del orbital y una menor intensidad en la unión de sus electrones al núcleo.

- el **número cuántico acimutal** (l). Puede adoptar valores enteros entre 0 y n-1, aunque normalmente no se designa mediante un número sino mediante una letra (s, p, d y f). Su valor indica la forma del orbital.

- el **número cuántico magnético** (m$_l$). Describe la orientación del orbital en el espacio, pudiendo tomar valores enteros entre l y –l.

El conjunto de electrones que comparten un mismo valor de *n* se denomina capa electrónica. La más externa o alejada del núcleo se denomina capa de valencia. Los electrones de esta capa son los que pueden compartirse en reacciones tipo redox (de intercambio electrónico) y su número determina la capacidad de asociación de un átomo con otros y, en definitiva, la geometría de los enlaces covalentes en los que participará (aunque, en este caso, los orbitales atómicos de varios átomos se asociarán y se transformarán en orbitales moleculares).

A esta descripción se añade el descubrimiento, en 1925, del **número magnético de espín**, por George Uhlenbeck y Samuel Goudsmit. Estos científicos holandeses dieron una explicación al hecho de que algunas líneas de los espectros, aparentemente únicas, correspondían en realidad a dos líneas muy juntas, de diferente energía. Propusieron que esto se explicaba porque los electrones tienen una propiedad intrínseca, denominada espín electrónico, fruto del giro sobre su propio eje. Este número puede adoptar dos valores: $+1/2$ y $-1/2$.

En este contexto, en 1925, el físico austriaco Wolfgang Pauli enunció una regla según la cual en un átomo no puede haber dos electrones que tengan idénticos valores en sus cuatro números cuánticos. Esto se conoce como **principio de exclusión de Pauli**, y marca el límite de electrones que puede albergar un orbital. Este número es igual a dos, ambos con número de espín opuesto.

Para finalizar, comentaré la **regla de máxima multiplicidad de Hund**, según la cual los electrones, dentro de un mismo valor energético (mismo valor de *n*) tienden a ocupar primero los orbitales vacíos y posteriormente los semiocupados.

5. CONCLUSIÓN. EL PAPEL DE LOS MODELOS Y LAS TEORÍAS

Entender el funcionamiento de un sistema (químico, biológico, físico,...) es una tarea que puede lograrse en varios grados de perfección. Ciertamente, podríamos decir que la comprensión más precisa de un sistema, dentro de los límites de la ciencia, se alcanza cuando somos capaces de expresarlo en términos matemáticos.

Muchas disciplinas de la ciencia actual se esfuerzan por trasladar al plano teórico las observaciones experimentales e incluso por predecir comportamientos y situaciones experimentales sin necesidad de realizar el experimento.

Se trata claramente de mecanismos de conocimiento complementarios. El inicio de este conocimiento puede iniciarse bien en un modelo que predice un hecho, o bien en un conjunto de observaciones que requieren ser modelizadas para su comprensión. A partir de aquí, el proceso se realimenta continuamente. Los hechos no se ajustan del todo al modelo, éste modifica alguna variable, alguna ecuación, alguna suposición inicial,... y se convierte en un modelo más general, o más robusto. Este nuevo modelo es capaz de predecir lo que ocurrirá en situaciones experimentales no descritas, permite formular preguntas que no se intuían desde la simple observación directa de los datos,...

La historia de la biología y de la química está repleta de casos en los que este trabajo cooperativo ha sido el motor del conocimiento. Por ejemplo, el modelo de la estructura de doble hélice para el ADN, propuesto por Watson y Crick en 1953, es un estudio teórico. Este modelo se nutrió de algunos conocimientos experimentales previos, que realimentaron el modelo teórico. Fue necesario, sin embargo, aún mucho tiempo para que la metodología experimental al uso (cristalografía de rayos X) verificara de forma más contundente esta descripción teórica, que aún hoy continúa mejorándose.

El modelo de la estructura atómica que he expuesto en este tema serviría también de ejemplo. Surge a partir de los datos experimentales de Rutherford y su interpretación. Siguen más modelos e interpretaciones, hasta llegar a la teoría cuántica, aún hoy en muy creciente desarrollo.

De este continuo trabajo en el que se complementan la observación y la modelización se nutre el avance del conocimiento científico. Idea con la que concluyo mi exposición.

Bibliografía útil:

ASIMOV, I. (1975) "Breve historia de la química", 1°ed, Alianza Editorial

BROWN, T.L., LEMAY, H.E., BURSTEN, B.E. y BURDGE, J.R. (2004) "Química: la ciencia central", 9ª ed, Ed. Pearson - Prentice Hall

CHANG, R. (2006) "Conceptos esenciales de química general", 1ª ed, Ed. McGraw-Hill Interamericana

DRAGONI, G. ; BERGIA, S. y GOTTARDI, G. (2004) "Quién es quién en la ciencia" (Vols. I y II), Ed. Acento

TEMA 69

CLASIFICACIÓN DE LOS ELEMENTOS
QUÍMICOS. SISTEMA PERIÓDICO. ENLACE
QUÍMICO. JUSTIFICACIÓN DE LAS
PROPIEDADES DE LAS SUSTANCIAS EN
FUNCIÓN DE SU ENLACE. RECONOCIMIENTO
DE SUSTANCIAS DE USO COMÚN COMO
ÁCIDOS, BASES, METALES,...

0. INTRODUCCIÓN

La materia se compone de elementos químicos. Actualmente se conocen 118 y se agrupan según un esquema teórico denominado tabla periódica. Esta ordenación nos permite conocer, observando la ubicación de un elemento, su capacidad de combinarse con otros elementos (valencia), su configuración electrónica, su electronegatividad aproximada, su radio atómico relativo,...

Expondré a continuación las características principales de este modelo, el entorno histórico en el que surgió, así como las principales propiedades de los elementos y compuestos químicos más comunes. Lo haré siguiendo el orden que cito a continuación... (es muy conveniente exponer con claridad, aquí al principio, el orden que se va a seguir, leer el índice de una forma ágil)

1. EL CAMINO HACIA LA TABLA PERIÓDICA

Suele aceptarse que **desde la edad antigua** se conocían **nueve elementos** químicos (Fe, Cu, Ag, Au, Hg, C, Sn, Pb y S). Durante la edad media y **hasta principios del siglo XVIII**, este repertorio aumentó con el **descubrimiento de seis nuevos miembros** (Pt, Zn, P, As, Sb y Bi).

Durante el siglo XVIII se inició una ampliación considerable de la cantidad de elementos químicos conocidos. En ese mismo siglo se conocieron los gases hidrógeno, nitrógeno, oxígeno y cloro, así como algunos metales (cobalto, níquel, manganeso, tungsteno, molibdeno, uranio, titanio y cromo). A principios del siglo XIX, la lista se vio sustancialmente ampliada gracias a trabajos de diferentes químicos como Berzelius (cerio, selenio, torio, silicio, circonio), Davy (magnesio, estroncio, bario, calcio), Smithson Tennant (osmio, iridio), Charles Hatchett (niobio), Anders G. Ekeberg (tántalo), Vauquelin (berilio), Balard (bromo), Courtois (yodo), y algunos otros.

En definitiva, se llegó a un **total de 55 elementos hacia el año 1830**. Este elevado número de elementos, y su creciente aumento, hizo necesario el desarrollo de reglas de ordenación que permitieran sistematizar y entender las propiedades básicas de los componentes de la materia, que cada vez mostraban una mayor diversidad.

Los primeros estudios en este sentido son los del químico alemán **Johann Wolfgang Döbereiner**, que en **1829** observó cómo el bromo tenía propiedades intermedias entre el cloro y el yodo, en concreto en cuanto a color, reactividad y peso atómico. Curiosamente, detectó un comportamiento similar entre otros grupos de tres elementos (calcio, estroncio y bario // azufre, selenio y teluro) y denominó a estas agrupaciones **"triadas"**. No obstante, la falta de más ejemplos y la poca importancia concedida, a principios de siglo XIX, a magnitudes como el peso atómico relegaron estas ideas a un segundo plano.

Un evento propio de otra disciplina de la química (la química orgánica) fue de enorme importancia en el desarrollo de las ideas acerca de la ordenación de los elementos químicos. Kekulé convocó una conferencia internacional de química en la ciudad alemana de Karlsruhe en **1860**. En ella hubo una importante intervención del químico italiano **Stanislao Cannizzaro** resaltando la **importancia de considerar y distinguir claramente entre peso atómico, peso equivalente y peso molecular**. A raíz de esta conferencia (en la que casualmente estaba también el químico ruso Dimitri Mendeleiev), las diferencias entre pesos atómicos de los diferentes elementos empezaron a contemplarse como parámetros muy informativos.

En 1864, **John Alexander Newlands**, un químico inglés, probó una ordenación de los elementos basada en sus pesos atómicos. Tras esto, probó una disposición en columnas de siete elementos, en la que aquellos que tenían características similares estaban a una misma altura en las columnas. Por ejemplo, quedaban en la misma columna sodio y potasio, selenio y azufre,… Las triadas de Döbereiner estaban también en la misma fila. Newland denominó a esta regla **ley de las octavas** (de acuerdo con un símil musical, en el que existen siete notas y la primera nota de cada octava comparte ciertas características con la primera de la octava anterior). No obstante, las similitudes entre elementos de una misma fila no se daban en todos los casos, y fueron consideradas por los químicos de la época más como casualidades que como reflejo de una norma natural, por lo que las ideas de Newlands no tuvieron gran acogida (de hecho, no pudo conseguir que se publicaran).

Una variante del trabajo de Newlands, en las que los elementos se agrupaban en columnas pero en un gráfico cilíndrico, fue propuesta por el geólogo francés **Beguyer de Chancourtois** en la misma época, pasando igualmente inadvertida para la comunidad científica.

El químico y fisiólogo alemán **Julius Lothar Meyer** estimó por primera vez los volúmenes atómicos de cada elemento a partir de experimentos macroscópicos y trabajó con esta magnitud para ordenar los componentes de la materia. En concreto, al representar **volúmenes atómicos** frente a pesos atómicos llegó a representaciones en forma de onda que alcanzaban valores máximos en los metales alcalinos (sodio, potasio, rubidio y cesio). Cada máximo o mínimo, según esta aproximación, correspondería a un periodo en la tabla de los elementos. Entre dos periodos se producía una fluctuación de esta onda, pero también de muchas otras variables relacionadas con los elementos.

Así pues, quedó la siguiente ordenación...

- el hidrógeno, al tener el menor peso atómico, forma el primer periodo

- los periodos segundo y tercero están formados por siete elementos cada uno (cumpliéndose la ley de las octavas de Newlands)

- los periodos cuarto y quinto tenían más de siete elementos, lo que se interpretó como una discrepancia con la ley de las octavas, que empezaba a verse que no tenía porqué cumplirse en todos los casos

Las conclusiones de Meyer fueron publicadas en 1870, pero justo un año antes, **Dimitri Mendeleiev** había llegado independientemente a resultados muy similares y los había publicado en el *Journal of the Russian Chemical Society*. Los estudios del químico ruso, que partían desde **otro enfoque basado en la oscilación de la valencia de los elementos**, llegaban a un modelo más robusto que el de Meyer, por lo que se consideran el origen de la actual **tabla periódica de los elementos**.

La característica más propia del modelo de Mendeleiev fue la **prioridad otorgada a la valencia frente a otras propiedades** como el propio peso atómico. Por ejemplo, el teluro y el yodo no están ordenados según cabe esperar de sus pesos atómicos, sino que están alternados para que el yodo pueda ir en la columna de valencia 1 y el teluro en la de 2.

Otra característica interesante es que Mendeleiev **dejó huecos en su tabla y consideró que debían ser ocupados por elementos aún no descubiertos**. Este hecho, si bien era muy novedoso, fue el principal motor que hizo consolidarse al modelo de Mendeleiev. Esto fue así porque las pruebas de nuevos elementos que se ajustaban a las predicciones vinieron realmente muy deprisa.

Este descubrimiento rápido de nuevos elementos se produjo **gracias a** un procedimiento experimental anterior a Mendeleiev. Aprovechando los conocimientos del óptico alemán Joseph von Fraunhofer (1814) sobre difracción de la luz mediante prismas, los científicos alemanes Kirchhoff y Bunsen diseñaron **el espectroscopio, con el que obtuvieron la *"huella dactilar espectroscópica"* de los elementos conocidos.** Esta técnica experimental estuvo a punto unos años antes de los trabajos de Mendeleiev, y con ella se describieron elementos como el cesio o el rubidio (llamados así por el color de las líneas nuevas aparecidas en el espectro de difracción, azul celeste o roja).

Empleando esta técnica, en 1875, Paul Emile Lecoq de Boisbaudran descubrió el galio a partir de minerales del pirineo francés. Mendeleiev leyó la publicación y mostró como todas las propiedades del galio correspondían a las esperadas para el eka-aluminio (un hueco dejado en su tabla junto al aluminio). De forma similar se descubrieron numerosos elementos que completaban los huecos de la tabla de Mendeleiev: el escandio (en Escandinavia), el germanio (en Alemania),...

La descripción de Mendeleiev fue también muy adecuada para acoger nuevos elementos para los que no se había predicho ningún hueco. Citaré los dos ejemplos principales...

- las tierras raras

    o en 1794, el químico finlandés Johan Gadolin, en la cantera de Ytterbi, cerca de Estocolmo, halló un óxido metálico que denominó iterbia. Se conocía la tierra caliza, silícea, magnesia... pero ninguna se parecía a este óxido, por lo que se le denominó *tierra rara*. De él se descubrió el iterbio, quince años después.

    Durante el siglo XIX, se descubrieron más elementos de propiedades similares (lantano, erbio, terbio, praseodimio, neodimio, samario, holmio, tulio,... hasta un total de 14 elementos con el descubrimiento del lutecio en 1907). Curiosamente, todos tenían valencia 3 (lo que sugería desestructurar la tabla periódica con una columna de 14 elementos) y pesos atómicos muy similares (lo que sugería ubicarlos en un mismo periodo). La dificultad de incluir estos compuestos en el esquema de Mendeleiev dificultó la aceptación de la tabla hasta 1920. Actualmente están situados externamente.

- los gases nobles
  - el físico inglés Rayleigh, en 1880, observó que el nitrógeno del aire pesaba diferente del nitrógeno puro, por lo que debía contener algún tipo de impureza. **William Ramsay**, químico escocés, repitiendo un trabajo de Cavendish con instrumentos analíticos más adecuados, **pudo detectar que el nitrógeno del aire contenía otro elemento**. Era un gas más denso que el nitrógeno, incapaz de reaccionar con otros elementos conocidos y que constituía un 1% del volumen de aire atmosférico. **Se le denominó argón** (que en griego significa "inerte"). Este elemento tenía **valencia 0**, diferente de todos los ya conocidos. Según Mendeleiev, habría que considerar secundario su peso atómico, centrarse en la valencia y ubicarlo en una **columna aparte**. Esto sugería que debían existir nuevos elementos con su misma valencia.

    En 1895, Ramsay observó que algunas líneas presentes en el espectro solar según estudios anteriores, atribuidas al helio, se encontraban en un gas desprendido al reaccionar algunos minerales de uranio. Este gas pudo ser analizado y su valencia era también 0. El helio era en realidad el segundo gas noble descrito. Hacia finales de siglo (1898), Ramsay descubrió el neón ("nuevo"), el criptón ("oculto") y el xenón ("extranjero").

2. LA TABLA PERIÓDICA Y LAS PROPIEDADES DE LOS ELEMENTOS

Podríamos agrupar inicialmente los elementos químicos, a grandes rasgos, en tres grupos: metales, no metales y metaloides:

- Los metales tienen las siguientes propiedades...

  o Brillo metálico
  o Maleabilidad (capacidad de formar láminas al ser golpeados)
  o Ductilidad (capacidad de formar alambres al ser estirados)
  o Buenos conductores del calor y la electricidad
  o Son sólidos a temperatura ambiente (excepción: el mercurio, que tiene un punto de fusión de -39°C. Algunos otros metales se funden a temperaturas que podemos encontrar en algunos ambientes – cesio,28.4°C y galio, 29.8°C-).
  o Tienen energías de ionización bajas (facilidad para formar iones positivos)
  o Facilidad de oxidación al reaccionar con O_2 o ácidos. Además, cabes destacar que la mayoría de los óxidos metálicos son básicos ($NaOH$, $Ca(OH)_2$,...)
  o Al unirse metales con no metales, suelen formarse compuestos iónicos ($NaCl$, KCl,...)

- Los no metales se caracterizan por...

  o Ser malos conductores del calor y la electricidad
  o No presentar un brillo metálico
  o Tener puntos de fusión más bajos, en general, que los metales (excepción, el carbono en algunos minerales como el diamante funde a 3570°C)
  o Formar sustancias ácidas al oxidarse y disolverse en agua (ácido carbónico, ácido fosfórico,...)

- Los metaloides son una serie de elementos que poseen algunas propiedades de los metales pero carecen de otras. Por ejemplo, el silicio presenta brillo metálico, pero no conduce la electricidad ni el calor, se fractura fácilmente al ser golpeado,... Algunos de estos elementos se emplean en la industria como semiconductores.

Ahora bien, tiene más sentido agrupar a los elementos según su posición en la tabla periódica (marcada por su valencia y otras propiedades que veremos a continuación). Podemos distinguir los siguientes cinco grupos: elementos representativos (columnas 1A-7A), gases nobles (columna (8A), elementos de transición, lantánidos y actínidos.

2.1. ELEMENTOS REPRESENTATIVOS

Comentaré las características de estos elementos siguiendo el orden marcado por las columnas.

2.1.1. Columna 1A (hidrógeno y metales alcalinos)

Generalmente se sitúa el H en esta columna, si bien sus propiedades son muy peculiares respecto al resto de elementos y las comentaré por separado.

- El hidrógeno tiene valencia 1 y una configuración electrónica $1s^1$. Es un no metal que se presenta en la naturaleza en forma de molécula diatómica H_2 (que es gas a temperatura ambiente). El átomo de hidrógeno no pierde con facilidad su único electrón, por lo que suele compartirlo (no cederlo) con los no metales, lo que da lugar a compuestos covalentes (H_2O, NH_3, CH_4,...)

- Los metales alcalinos son Li, Na, K, Rb, Cs y Fr. Son sólidos, presentan todos brillo metálico y son muy buenos conductores térmicos y eléctricos. Numerosos compuestos de sodio y potasio fueron inicialmente aislados de cenizas de madera, de ahí el nombre de este grupo (alcalino ~"cenizas" en árabe). Tienen baja densidad y punto de fusión, propiedades que disminuyen al aumentar el número atómico. Al descender en la columna, también aumenta el radio atómico y disminuye la energía de ionización. Ésta suele ser baja para los elementos de este grupo, que forman fácilmente compuestos iónicos con no metales (KCl, NaBr, CsCl,...)

  Otra propiedad de los metales alcalinos es que reaccionan intensamente al ponerse en contacto con agua, formando H_2 e hidróxidos metálicos, en reacciones que suelen ser explosivas.

2.1.2. Columna 2A (metales alcalinotérreos)

Se trata de Be, Mg, Ca, Sr, Ba y Ra.

Son sólidos más duros y más densos que los anteriores. Su temperatura de fusión también es superior. Se ionizan fácilmente, pero no tanto como los metales alcalinos, por lo que son menos reactivos.

A medida que descendemos en la columna, la reactividad con el agua (nula para el berilio) va incrementando. En estas reacciones se forma también H_2 y óxidos o hidróxidos metálicos ($Ca(OH)_2$), mostrando el patrón de reactividad típico de este grupo: perder los dos electrones externos. Este tipo de reactividad la manifiestan también frente a otras sustancias, formando compuestos como por ejemplo el $MgCl_2$.

2.1.3. Columna 3A

Todos los elementos de este grupo tienen valencia 3. El primero de ellos es el boro (B), un metaloide con elevado punto de fusión. El resto son el aluminio (Al), galio (Ga), indio (In) y talio (Tl).

Suelen encontrarse en compuestos en los que presentan estado de oxidación +3. En el caso concreto del talio, también resulta de importancia su estado de oxidación +1 (por ejemplo, en el óxido de talio, Tl_2O, empleado en la fabricación de lentes con alto poder refractivo). Este fenómeno de que, al aumentar el tamaño atómico, disminuya la valencia efectiva se denomina efecto del par inerte ("un par de electrones es como si no estuviese en la capa de valencia") y es muy característico del grupo 3A.

2.1.4. Columna 4A

En este grupo encontramos una serie de elementos de valencia 4. Se trata del carbono (C), silicio (Si), germanio (Ge), estaño (Sn) y plomo (Pb). El carbono es el componente mayoritario de los compuestos orgánicos. El silicio es de los elementos más abundantes de la corteza terrestre. El germanio se emplea en la industria de los semiconductores y se encuentra en numerosos compuestos organometálicos. El estaño y el plomo son materiales habituales en la industria metálica.

2.1.5. Columna 5A (grupo de los nitrogenoides)

Nitrógeno (N), fósforo (P), arsénico (As), antimonio (Sb) y bismuto (Bi) conforman este grupo. Todos ellos tienen 5 electrones en la capa de valencia, 2 ocupando los orbitales s y tres en los orbitales p. En el año 2004, apareció en Physical Review C la descripción de la síntesis de un nuevo elemento de la tabla periódica, el número 115. Este elemento, por sus propiedades electrónicas, sería el sexto de este grupo. Aún no está confirmado (2008), pero se ha propuesto nombrarlo como Langevenio (Ln), en honor al físico francés F. Langeven.

El nitrógeno es el elemento más significativo de este grupo. En su forma diatómica, es el gas más abundante de la atmósfera. Forma numerosos compuestos covalentes como el amoniaco y otras aminas. Es relevante también la formación deformas amida, por su abundancia en compuestos como las proteínas.

El fósforo, en la materia viva, forma parte del ADN y de otros compuestos relevantes (ver tema 23). Dada su gran reactividad, nunca se encuentra en la naturaleza en forma pura, sino combinado con otros elementos. Lo encontramos en múltiples productos de aplicación industrial como fertilizantes, vidrios, compuestos organofosforados,...

2.1.6. Columna 6A (grupo del oxígeno)

Constituido por oxígeno (O), azufre (S), selenio (Se), teluro (Te) y polonio (Po). Los tres primeros son elementos no metálicos, el teluro es un metaloide y el polonio es un metal radiactivo realmente extraño. El único que es gaseoso a temperatura ambiente es el oxígeno (en su forma diatómica, O_2), siendo el resto sólidos.

El oxígeno puede también encontrase como gas en forma d ozono (O_3), gas de importancia medioambiental que ha sido comentada en otros temas. El oxígeno es un elemento muy electronegativo (tiene gran tendencia a captar electrones, polarizando los enlaces covalentes en los que participa). Esta propiedad también se manifiesta en su facilidad para transformarse en el ión óxido (O^{2-}), que tiene configuración de gas noble y es muy estable. Esta es la forma del oxígeno cuando se combina con metales. También forma, menos frecuentemente, iones superóxido (O_2^-) o peróxido (O_2^{2-}).

El azufre es otro compuesto muy importante de este grupo. Su disposición más común y estable es la forma sólida, en estado puro, con fórmula molecular S_8. Tiende, como el oxígeno, a captar electrones, formando sulfuros y quedando como anión S^{2-}.

2.1.7. Columna 7A (los halógenos)

Se nombran según la combinación de palabras griegas *"halos"* y *"gennao"*, que vendría a traducirse como "formadores de sales". Son básicamente el flúor (F), cloro (Cl), bromo (Br) y yodo (I). El astato (At) también forma parte de este grupo, pero no suele nombrarse mucho porque sus propiedades aún son muy desconocidas.

Se trata de no metales típicos, cuyos punto de fusión y ebullición aumentan en el mismo sentido que el número atómico. Así pues, a temperatura ambiente, flúor y cloro son gases, el bromo es líquido y el yodo es sólido. Todos están presentes en forma de moléculas diatómicas.

La química de estos elementos está dirigida por su extrema avidez por captar electrones para formar aniones halogenuro. Esta capacidad es máxima para el flúor y disminuye de intensidad al aproximarnos al yodo.

2.1.8. Columna 8A (los gases nobles)

Todos ellos son no metales y están en estado gaseoso a temperatura ambiente. Se trata del helio (He), neón (Ne), argón (Ar), criptón (Kr), xenón (Xe) y radón (Rn).

Todos se caracterizan por tener todos los orbitales s y p ocupados, presentando valencia 0 y una reactividad prácticamente nula frente a cualquier compuesto. Sus energías de ionización son elevadísimas, que disminuyen sólo muy ligeramente al descender por la columna.

Basándose en este ligero descenso de la energía de ionización, Neil Bartlett (químico de la Universidad de Columbia) razonó en 1962 que el xenón podría ceder electrones si se combinaba con un elemento especialmente ávido de captarlos, como el flúor. Se hizo reaccionar xenón con hexafluoruro de platino (PtF_6) y se consiguió ionizar el gas noble. Hoy se sabe que, incluso compuestos menos reactivos como el F_2, pueden conseguir la formación de combinaciones xenón-flúor (XeF_2, XeF_4, XeF_6).

3. EL ENLACE QUÍMICO

Existen tres tipos de enlace químico: el iónico, el covalente y el metálico.

3.1 El enlace iónico

Los elementos más apropiados para formar compuestos iónicos son los que tienen valores bajos de energía de ionización (como los metales alcalinos y alcalinotérreos, que forman cationes) o afinidades electrónicas elevadas (como los halógenos y el oxígeno, que forman aniones).

Un enlace iónico es el producto de las fuerzas electrostáticas de atracción entre iones positivos y negativos. Un compuesto iónico consiste en una red grande de iones en la cual están equilibradas las cargas positivas y negativas. La estructura de la red iónica es aquella que minimiza la energía libre.

La energía reticular es una medida de la estabilidad de un sólido iónico. Se puede calcular por medio del ciclo de Born-Haber, que se basa en la ley de Hess.

3.2 Enlace covalente

En un enlace covalente simple, dos electrones (un par) son compartidos por dos átomos. En los enlaces covalentes múltiples, dos o tres pares de electrones son compartidos por dos átomos.

Algunos átomos unidos por enlaces covalentes también tienen electrones libres. Se trata de electrones de la capa de valencia que no participan en el enlace, pero que influyen en la geometría final del compuesto.

La distribución de los electrones de enlace y los pares de valencia se representa mediante una estructura de Lewis. Esta notación resulta muy adecuada. Uno de los requisitos básicos de las estructuras de Lewis es que los compuestos formados han de cumplir la regla del octete. Según esta los átomos han de formar suficientes enlaces como para rodearse de ocho electrones cada uno.

La electronegatividad es la capacidad de algunos elementos para atraer los electrones hacia sí. Esta propiedad se manifiesta muy claramente en la polarización de los enlaces covalentes. Así pues, en el ácido clorhídrico (HCl), por ejemplo, los electrones del enlace H-Cl estarán más cerca del cloro. Este fenómeno ocurre en numerosos grupos químicos (carbonilos, aminas, alcoholes,...) determinando la reactividad de los compuestos que los contienen.

Existen moléculas para las que hay más de una estructura de Lewis que satisface la regla del octete. En estos casos hablamos de formas resonantes. No se trata de diferentes estados químicos, sino de diversas representaciones de una molécula, cada una de las cuales contribuye en diferente proporción a mostrarnos la distribución electrónica de forma muy aproximada.

3.3 El enlace metálico

Un modelo que sirve para explicar la naturaleza del enlace metálico es el modelo de mar de electrones. Según esta representación los núcleos atómicos formarían una extensa red a lo largo de todo el metal y los electrones estarían confinados a dicha red de cargas positivas. No obstante, a diferencia de los enlaces vistos anteriormente, ningún electrón individual está restringido a un núcleo concreto, sino que todos ellos fluctúan a lo largo de todo el material.

Esta fluidez electrónica explica propiedades tan características de los metales como la conductividad térmica y eléctrica, la maleabilidad y ductilidad (explicadas estas últimas por la gran versatilidad de la formación/deformación de asociaciones núcleo-electrón.

4. CONCLUSIÓN

El progresivo descubrimiento de los elementos formadores del mundo material exigió históricamente un gran esfuerzo de ordenación que llegó a un punto de estabilidad con el desarrollo de la tabla periódica de Mendeleiev.

Se trataba de un modelo peculiar, en el que incluso llegaban a predecirse con exactitud las propiedades de elementos no descubiertos aún. Muchos de ellos han sido encontrados posteriormente, confirmando la validez de la predicción, y otros tantos han sido obtenidos artificialmente.

El 16 de Octubre de 2006 se anunció, en Physical Review C, la fabricación del último elemento de la tabla periódica. Se trata del elemento 118 (el eka-radón, perteneciente a la columna de los gases nobles). Se ha propuesto el nombre de Moscovio (Mk) para este elemento, aunque aún no ha sido unánime la aceptación de esta nomenclatura.

En mi exposición, he tratado de citar los principales rasgos de esta ordenación de los elementos químicos, expresada en la tabla periódica, así como las principales formas de combinación entre elementos químicos (enlaces iónico, covalente y metálico). Durante esta explicación, he ido señalando las propiedades de algunas sustancias más comunes, como exige el título del tema.

De esta forma, doy por concluida mi exposición, agradeciendo la atención prestada.

Bibliografía útil:

ASIMOV, I. (1975) "Breve historia de la química", 1°ed, Alianza Editorial (capítulo 8)

BROWN, T.L., LEMAY, H.E., BURSTEN, B.E. y BURDGE, J.R. (2004) "Química: la ciencia central", 9ª ed, Ed. Pearson - Prentice Hall (capítulos 7 y 8)

CHANG,R. (2006) "Conceptos esenciales de química general", 1ª ed, Ed. McGraw-Hill Interamericana

TEMA 70

CAMBIOS EN LA MATERIA. REACCIONES QUÍMICAS. INTERCAMBIOS ENERGÉTICOS. ESTEQUIOMETRÍA. FACTORES QUE AFECTAN AL DESARROLLO DE LAS REACCIONES. SU IMPORTANCIA EN LA EVOLUCIÓN DE LA SOCIEDAD.

0. INTRODUCCIÓN

Los compuestos químicos suelen ser entidades en movimiento. Además, alguna de sus propiedades (capacidad de cesión de protones, capacidad de cesión de electrones, presencia de grupos polares, ...) siempre le permite establecer una relación con alguno de los compuestos con los que choca por estar presentes en su medio. Si estos choques conllevan la reestructuración de los enlaces covalente de ambos compuestos y la formación de especies nuevas (fenómeno muy frecuente) estamos hablando de una reacción química.

Este tipo de fenómenos está presente prácticamente en todos los ámbitos de la vida y a ellos queda supeditada no sólo la acción humana sino la actividad de cualquier ser vivo e incluso numerosos fenómenos geológicos.

Al estudio de estas reacciones químicas dedicaré el tema que ahora empiezo.
Lo haré siguiendo el orden que cito a continuación... (es muy conveniente exponer con claridad, aquí al principio, el orden que se va a seguir, leer el índice de una forma ágil)

1

1. CAMBIOS EN LA MATERIA. REACCIONES QUÍMICAS

1.1. Cambios químicos y físicos

La materia puede sufrir **transformaciones físicas o químicas.** ¿Cuál es la diferencia? La respuesta no es directa. Aunque la física y la química estudian claramente fenómenos separados mediante herramientas muchas veces diferentes, existe solapamiento entre algunos de sus temas de estudio. Es decir, la migración de una partícula a gran velocidad en un acelerador de partículas ¿es física o es química? Si esta partícula, un electrón, migra de un compuesto a otro en una reacción redox convencional ¿es física o química?, ¿una disolución? ¿la precipitación de una sal para formar un cristal? Bien, depende probablemente de la pregunta concreta que se quiera resolver en cada caso, y existirán discrepancias entre varios profesionales de ambas disciplinas.

Me parece importante, de entrada, especificar esta posibilidad de que existan matices a la hora de considerar un proceso como físico o químico. No obstante, a nivel de enseñanza secundaria la distinción es más clara. Hay algunas transformaciones de las sustancias de cuyo estudio suele encargarse la química y algunas en las que interviene la física. De este modo, tenemos...

- transformaciones físicas → no hay cambios en la composición de las sustancias que intervienen (ejemplos: disolución de sal en agua, cambio de estado físico de una sustancia,...)

- transformaciones químicas → sí hay cambios en la composición de las sustancias que intervienen (ejemplos → reacciones ácido-base, procesos redox,...)

1.2. Reacciones químicas. Notación e ideas iniciales

En este tema nos centraremos en las transformaciones químicas, también denominadas reacciones químicas.

En toda reacción química pueden definirse dos tipos de compuestos:

- los reactivos (compuestos de partida, que reaccionan entre sí)

- los productos (compuestos que encontramos como fruto de la reacción realizada)

Para comprender la relación cualitativa de reactivos y productos, ha de escribirse la **ecuación de la reacción química.** En ella suelen indicarse los reactivos a la izquierda y los productos a la derecha. Cada uno de estos compuestos se expresa mediante su fórmula empírica (aunque pueden expresarse reacciones químicas empleando otro tipo de representaciones o gráficos). Ambos lados de la ecuación se enlazan mediante una flecha que indica el sentido (normalmente de izquierda a derecha) de la reacción. Pueden emplearse dos flechas, en sentidos opuestos, para indicar una situación de equilibrio o reversibilidad. El tamaño relativo entre estas flechas expresa el sentido mayoritario del proceso de equilibrio.

Para que la ecuación exprese, además, la relación cuantitativa entre los reactivos y productos, es necesario igualarla. En una **reacción igualada**, ambos lados de la ecuación han de presentar...

-   la misma carga neta

-   los mismos elementos químicos (aunque formen parte de compuestos diferentes)

-   la misma cantidad de cada elemento

Por ejemplo, si el O_2 se combina con el H_2 para formar H_2O. La ecuación ha de expresar que dos moléculas de H_2 se combinan con una de O_2 para formar dos de H_2O.

Esta definición de las cantidades de cada compuesto que participan en una reacción corresponde a la **estequiometria**. Este término fue empleado por primera vez por el químico alemán Jeremias Benjamin Richter en 1792, definiéndola como sigue: *"La estequiometría es la ciencia que mide las proporciones cuantitativas o relaciones de masa en la que los elementos químicos están implicados"*.

Los números que acompañan, en una reacción bien igualada, a cada uno de los reactivos y productos, se denominan coeficientes estequiométricos.

1.3. Algunos parámetros importantes para el estudio de las reacciones químicas

De cara a conocer las relaciones cuantitativas entre los reactivos y productos son imprescindibles los coeficientes estequiométricos. Como he comentado, estos coeficientes indican qué cantidad de moléculas del reactivo A reaccionaran con una cantidad del reactivo B para dar lugar a una cantidad de productos.

Ahora bien, no resulta sencillo saber cuántas moléculas concretas de cada reactivo o producto existen en condiciones experimentales. Quizá hay demasiadas de alguno de los reactivos (lo llamaremos **reactivo en exceso**). Quizá si hubiese sólo una molécula más de algún reactivo la reacción se pararía algo más tarde (lo llamaremos **reactivo limitante**). Pero, ¿cómo podemos saber la cantidad de moléculas de que disponemos?

En la vida normal se emplean múltiplos de la unidad (decenas, centenares, miles, millones,...) para referirse cuantitativamente a las cosas. En química se emplea un múltiplo de la unidad un poco más específico. Se denomina **mol**, e indica que de una partícula concreta hay $6,023 \cdot 10^{23}$ representantes. Este número se debe al científico italiano Amadeo Avogadro, por lo que muchas veces se conoce como **número de Avogadro**.

Denominaremos **masa molar** de un determinado compuesto químico a la masa en gramos de un mol de dicha sustancia. En el caso de los elementos químicos, su masa molar es igual a la masa atómica del elemento en uma_s, expresada en gramos. Es decir, el 12C tiene una masa atómica de 12 uma_s, lo que significa que la masa de un mol de este elemento es de 12g (masa molar).

Otro parámetro importante en las reacciones químicas, en relación a la cantidad de los compuestos, es la **pureza de los reactivos**. Si nos dicen, por ejemplo, que tenemos una muestra de galena con una pureza o contenido en plomo del 70%, ello nos indica que de cada 100 g del mineral sólo 70 corresponden al elemento en cuestión.

Un gran número de reacciones químicas tienen lugar en un entorno acuoso. Por ello, se han desarrollado una serie de parámetros útiles en el estudio de la **estequiometría de disoluciones**. Citaré los relacionados con la concentración de los compuestos implicados en la reacción...

- porcentaje en masa: se calcula como la masa (en gramos) del soluto que encontramos en 100g de dislución

- porcentaje en volumen: es el volumen de soluto existente en 100 unidades de volumen de disolución

- masa de soluto por volumen de disolución: expresión de la cantidad de soluto (en gramos) por litro de disolución

- molaridad: expresa la concentración de una disolución como la relación entre los moles de soluto y el volumen de la disolución en litros

- molalidad: moles de soluto que hay en un Kg de disolución

- fracción molar: cantidad (en moles) de una sustancia en relación con los moles totales de todos los componentes de la disolución o mezcla

Finalmente, señalar que los reactivos no siempre reaccionan en su totalidad o, dicho de otro modo, las reacciones no son siempre procesos del todo eficientes. Esta circunstancia se mide mediante una magnitud denominada **rendimiento de la reacción**, que es la relación existente entre la masa de producto obtenida y la masa de producto esperada teóricamente. Puede expresarse en tanto por uno o tanto por cien.

1.4. Tipos de reacciones químicas

En ocasiones, resulta útil clasificar las reacciones químicas según algún criterio. Los criterios empleados son arbitrarios, es decir, son en principio todos igualmente correctos y la importancia la adquieren en función de si la clasificación que consiguen es útil para una finalidad concreta.

Citaré a continuación algunos criterios y cómo quedan clasificadas las reacciones químicas según ellos.

- si atendemos a la posibilidad de retroceso de una reacción química, hablaremos de reacciones **reversibles e irreversibles**. Conviene señalar que, en realidad, prácticamente todas las reacciones son reversibles bajo ciertas condiciones, lo que varía es la facilidad para conseguir esas condiciones

- si atendemos a la naturaleza química de reactivos y productos, tendremos...

  o reacciones moleculares **covalentes** (intervienen especies no cargadas con configuración electrónica estable) → ejemplo: formación de un éster a partir de un alcohol y un ácido carboxílico

  o reacciones **iónicas** (intervienen especies cargadas eléctricamente pero con una configuración electrónica estable) → ejemplo: disociación del cloruro sódico en disolución acuosa

  o reacciones **radicalarias** (intervienen especies con una configuración electrónica inestable, atípica, muy reactivas) → ejemplo: degradación del ozono por halógenos derivados de CFCs

- si atendemos al resultado global obtenido en la reacción, tendremos...

  o reacciones **de síntesis** (se fabrica un producto nuevo a partir de reactivos de menor tamaño) → ejemplo: formación de un disacárido a partir de dos monosacáridos

  o reacciones **de descomposición** (un compuesto se fragmenta en dos de sus constituyentes) → ejemplo: desfosforilación de una proteína

  o reacciones **de desplazamiento o sustitución** (un grupo químico es sustituido por otro) → ejemplo: paso de sulfato de cobre soluble y zinc sólido a sulfato de zinc y cobre sólido (reacción redox típica)

    ▪ un caso particular ocurre cuando la sustitución se produce en dos reactivos y el fragmento que adquiere cada uno es el que se desprende del otro. Las denominamos **reacciones de intercambio** → ejemplo: combinación de ácido clorhídrico y sosa cáustica para formar agua y cloruro sódico

5

- si atendemos a la naturaleza del proceso químico que está ocurriendo, tendremos quizá la clasificación más útil desde un punto de vista pedagógico. Cada tipo de reacción que aparece suele explicarse como un capítulo de los cursos de química de secundaria. Sólo citaré y definiré cada tipo de reacción. Tendremos...

  o reacciones de **oxidación reducción** (procesos redox), se trata de reacciones en las que existe un flujo de electrones entre los reactivos. Finalmente, uno de ellos acaba enriquecido en electrones (reducido) y otro acaba empobrecido (oxidado). → ejemplo: oxidación del cobre en un ensayo de Fehling

  o reacciones **ácido-base**, en ellas existe un flujo de protones entre los reactivos. Uno de ellos acaba enriquecido en protones (base) y otro acaba empobrecido (ácido). → ejemplo: transformación de carbonato cálcico (insoluble) en bicarbonato cálcico (muy soluble) en los procesos de meteorización de rocas calizas

  o reacciones de **hidrólisis**, en ellas se produce la fragmentación de un enlace covalente por mecanismos complejos en los que finalmente se adiciona de forma neta una molécula de agua. → ejemplo: hidrólisis del glucógeno para formar monómeros de glucosa

  o reacciones de **precipitación-disolución** (algunos lo consideran un proceso físico, porque no existe cambio en la estructura covalente). Se trata de procesos en los que cambia la disposición estructural entre los reactivos sin que se modifique covalentemente ninguno de ellos. → ejemplo: agua líquida y azúcar sólido, por agitación, se convierten en una disolución homogénea de agua con azúcar. Las moléculas de sacarosa no se modifican, no hay procesos de hidrólisis, el agua no pierde protones ni capta o cede electrones,... simplemente las moléculas de agua, gracias a la energía mecánica aportada, adquieren la capacidad de "rodear" físicamente a las moléculas de sacarosa, con lo que éstas quedan incorporadas a una red de aguas y separadas unas de otras.

1.5. Leyes ponderales.

- **Ley de la conservación de la masa** (Lavoisier, finales del s.XVIII). La materia ni se crea ni se destruye, sólo se transforma. En la actualidad, sabemos que algunas reacciones que tienen lugar, por ejemplo, en el núcleo atómico, implican la transformación de materia en energía o viceversa. Es decir, sería en estos momentos más correcto hablar de la conservación del conjunto masa-energía.

- **Ley de las proporciones constantes** (Proust, 1799). En un determinado compuesto, los elementos que lo forman siempre se combinan en una proporción de masas constante.

- **Ley de las proporciones múltiples** (Dalton, 1804). Si de la combinación de dos elementos pueden darse reacciones de formación de diferentes productos, el cociente entre las masas del mismo compuesto que participan en cada una de las reacciones es un número entero, considerando la masa del otro compuesto constante.

- **Ley de los volúmenes de combinación** (Gay-Lussac, 1805). En una reacción entre gases para formar un producto, la relación entre los volúmenes de los gases que reaccionan es un número entero.

2. INTERCAMBIOS ENERGÉTICOS

Prácticamente toda las reacciones químicas llevan asociada una absorción/pérdida de energía, muy frecuentemente en forma de calor. Esta energía se origina como resultado de los procesos de formación/rotura de enlaces covalentes, variación de la carga neta, generación/pérdida de aromaticidad, ganancia/pérdida de grados de libertad conformacional de los compuestos,...

Hablamos de **procesos endoérgicos** cuando absorben energía o **exoérgicos**, si desprenden energía. Si la energía intercambiada es calor (la forma más común) se emplean los adjetivos **exotérmico/endotérmico**.

La **unidad de energía en el sistema internacional (SI)** es el *joule*, introducido por primera vez por el físico alemán Julius Robert von Mayer en 1842. Su valor, la energía calorífica que, transformada en trabajo mecánico, equivaldría a aplicar la fuerza de 1 Newton durante 1 metro de distancia, fue determinado por el físico inglés James Prescott Joule un año más tarde.

Cuando en una ecuación química, además de expresar la variación de la fórmula empírica entre reactivos y productos, se indica la energía asociada a esta transformación, hablamos de ecuación termoquímica.

Un parámetro importante en términos termoquímicos es la entalpía de reacción. Cuando una reacción tiene lugar a presión constante, el calor desprendido/absorbido en la reacción se denomina **entalpía de reacción** y se simboliza como ΔH. Si la temperatura es de 25°C y la presión de una atmósfera se denomina entalpía de reacción estándar y se simboliza $\Delta H°$.

En el caso concreto de las reacciones de formación de un compuesto químico, hablaremos de **entalpía de formación estándar** ($\Delta H°_f$). Exactamente, nos estamos refiriendo al calor desprendido/absorbido al formar un mol de compuesto a partir de sus elementos constituyentes. La variación de la entalpía de una reacción puede calcularse de la siguiente forma...

- consideramos A como el sumatorio de la entalpía de formación de todos los reactivos (ponderados por sus coeficientes estequiométricos)

- consideramos B como el sumatorio de la entalpía de formación de todos los reactivos (ponderados por sus coeficientes estequiométricos)

- la variación de entalpía de la reacción se calcula como B menos A

En un contexto más general, referente a la entalpía de cualquier reacción química, encontramos la **Ley de Hess**. Dice lo siguiente: "Si una reacción se efectúa en una serie de pasos, la variación de entalpía para la reacción será igual a la suma de los cambios de entalpía para los pasos individuales".

El parámetro clave que determina la espontaneidad de toda reacción es la **energía libre de Gibbs**. Su incremento ha de ser negativo para que la reacción sea termodinámicamente favorable y, en definitiva, pueda suceder. La fórmula...

$$\Delta G = \Delta H - T\Delta S$$

...permite calcular esta magnitud como el incremento entálpico menos el producto de la temperatura por el incremento entrópico. Todas las reacciones químicas transcurren siguiendo la lógica que se deriva de esta expresión:

- su ΔG es favorecida si las nuevas interacciones químicas formadas son mejores que las de partida (ΔH negativa)

- su ΔG es favorecida si la temperatura es elevada

- su ΔG es favorecida si el estado final permite al sistema aumentar su entropía (ΔS positiva)

Como se trata de unas oposiciones de Biología y Geología, comentaré una idea que me parece curiosa e importante. Los seres vivos cumplen muy bien la primera y segunda característica que he comentado, pero se oponen al incremento de entropía. Empleando un lenguaje didáctico, podríamos decir que la condición de mantener vivo el todo impide a sus partículas explorar numerosas disposiciones espaciales, restándoles en cierta forma libertad. Ese sería el precio que deben pagar los sistemas por estar vivos, por estar obligados a mantener cierto orden o ciertos límites en su disposición.

3. FACTORES QUE AFECTAN A LA VELOCIDAD DE LAS REACCIONES QUÍMICAS

Dado que las reacciones, tal y como ya se ha comentado, implican la rotura y formación de enlaces, su velocidad dependerá esencialmente de la facilidad o dificultad para que se desarrolle este proceso. Evidentemente, la cinética de fragmentación de un sistema aromático será mucho más lenta que la cesión de un protón desde un ácido fuerte a una base fuerte.

No obstante, junto a esta dependencia clara de la naturaleza propia del proceso, la velocidad de muchas reacciones puede modularse por una serie de factores. La acción de todos ellos se entiende mejor si consideramos una idea básica. Para que se produzca una reacción química, es necesario que se dé un choque efectivo entre los reactivos, que permita transformarlos en productos. Si un factor aumenta la probabilidad de choque efectivo acelerará la reacción química. Citaré cuatro factores:

- el **estado físico de los reactivos** → si los reactivos están en fases distintas, por ejemplo si uno es gas y el otro sólido, la superficie de interacción entre ambos queda limitada, lo que frena la reacción. Si el reactivo sólido se fragmenta, o si su temperatura aumenta más allá del punto de fusión, la interacción entre ambos aumenta, acelerando el proceso químico.

- la **concentración de los reactivos** → en buena lógica, un incremento de la concentración de cualquier reactivo aumenta las probabilidades de choque y la velocidad de la reacción.

- la **temperatura de la reacción** → un incremento de temperatura hace aumentar la energía cinética de las partículas y, al incrementar la frecuencia de los choques, se acelera el proceso.

- la **presencia de catalizadores** → podemos definir un catalizador como una sustancia o agente químico que consigue aumentar la velocidad de una reacción sin consumirse durante el proceso. Un ejemplo claro de catalizadores son los enzimas. Estas proteínas, que han sido explicadas más detalladamente en el tema 24, aumentan la velocidad de las reacciones mediante el siguiente mecanismo. Consiguen, como cualquier catalizador, disminuir la energía de activación del proceso químico. Esto lo consiguen gracias a la estabilización del estado de transición.

La figura muestra, tomando como ejemplo el perfil energético de la reacción de fosforilación de la glucosa a glucosa-1-fosfato, el efecto de dos de los factores citados anteriormente: la presencia de un catalizador y el aumento de temperatura. En los perfiles de reacción, la altura desde la energía de los reactivos hasta el máximo se denomina energía de activación (E_a), y es el parámetro que determina la velocidad de reacción.

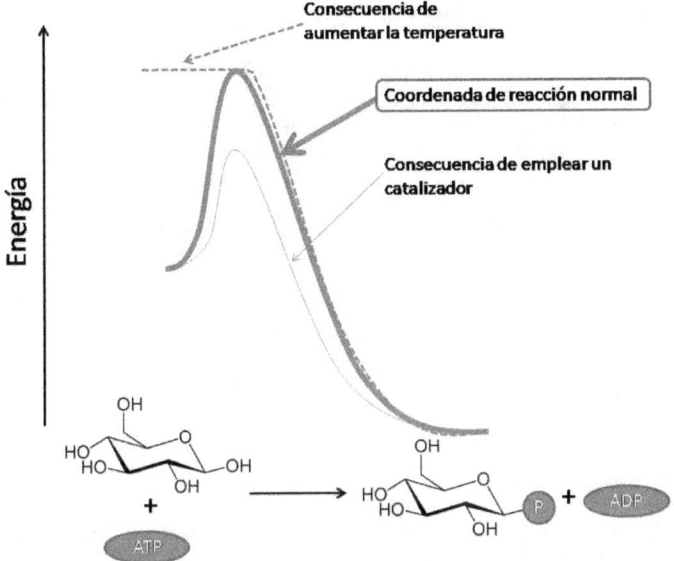

La cinética química es la disciplina de la química que estudia la velocidad de las reacciones. Una de sus tareas es la determinación experimental de velocidades, a partir de las cuales derivar constantes de velocidad y elaborar pequeñas leyes o reglas básicas.

Según los estudios cinéticos, tenemos...

- reacciones de orden 0, en las que la velocidad es independiente de las concentraciones de reactivos. Ejemplo → reacción inversa de Haber (paso de amoniaco gas a nitrógeno gas más hidrógeno gas)

- reacciones de primer orden, cuya velocidad depende de la concentración de uno solo de los reactivos. Ejemplo → descomposición del agua oxigenada líquida en agua líquida más oxígeno gas

- reacción de segundo orden. La velocidad depende de la concentración de dos reactivos. Ejemplos → la mayoría de reacciones que dependen de un choque efectivo entre moléculas (por ejemplo la de la figura anterior)

11

4. IMPORTANCIA DE LAS REACCIONES QUÍMICAS EN LA EVOLUCIÓN DE LA SOCIEDAD

La relevancia de las reacciones químicas en las sociedades humanas es indudable, tanto de aquellos procesos químicos que podríamos llamar naturales (sin intervención humana) como aquello modulados en cierto grado por la acción de las personas.

La intervención humana en las reacciones químicas puede darse en dos frentes...

- modificación de los equilibrios (es decir, de la termodinámica, de la ecuación de Gibbs de una reacción dada)

- modificación de las velocidades de reacción (mediante la temperatura, uso de catalizadores,...)

Me parece muy pretencioso profundizar lo más mínimo en todos los campos de la vida humana en los que la química está presente de algún modo. Haré tan sólo una cita de algunos de ellos, reflexionando en los dos primeros en su papel como elementos de evolución social.

- industria textil → en la antigüedad se aprovechaban procesos químicos naturales (fabricación de la proteína lanolina por las ovejas, del cuero, del algodón,...) y sus productos eran empleados en la confección de prendas de vestir. El creciente dominio de las técnicas de polimerización y/o refinado de compuestos hidrocarbonados (también, en última instancia, provenientes del mundo vivo) ha significado una aportación importante a la fabricación de prendas de vestir

- la industria del automóvil → materiales resistentes y en cierto grado deformables como los de los neumáticos, protección impermeable con propiedades estéticas como la pintura, gomas de las juntas, piezas del motor (en ocasiones diseñadas para aguantar condiciones extremas de presión y temperatura), baterías, elementos internos, materiales reflectantes (chalecos, triángulos, luces de freno,...), materiales abrasivos como las pastillas de freno, materiales fluidos e inflamables como las diferentes variedades de combustible, los elementos presentes en el maquillado o *tunning* de los coches,... podríamos relatar una lista interminable de ejemplos. La industria del automóvil es una muestra más de cómo la química está presente en la sociedad y permite su evolución.

Como estas dos, hay muchas otras actividades en las que la química no sólo está presente de forma natural sino en las que la actividad humana ejerce su influencia. Es muy notable la cantidad de trabajadores con formación química (químicos, ingenieros químicos, ingenieros industriales químicos, personas con ciclos formativos propios de esa rama,...) que encontramos en las siguientes áreas...

- la industria alimentaria

- la industria farmacéutica

- la industria del reciclaje y tratamiento de residuos

- muchas formas de obtención de energía (centrales nucleares, centrales térmicas, gas natural,...)

- la industria del plástico

- etc.

5. CONCLUSIÓN

He iniciado mi exposición hablando de las reacciones químicas, su funcionamiento y algunos parámetros que suelen emplearse en su estudio experimental.

He pasado a comentar brevemente los tipos de reacciones químicas, las variaciones de energía asociadas a estos procesos y el formalismo principal en el que se enmarca su termodinámica, la ecuación de Gibbs.

Más adelante, mi exposición ha abordado los aspectos cinéticos de los procesos químicos: los factores que influyen en la velocidad y el tipo de reacciones según su cinética.

Finalmente he resaltado muy brevemente algunos aspectos que nos recuerdan el papel de la química en las sociedades humanas.

De esta forma, doy por concluida mi exposición, agradeciendo la atención prestada.

Bibliografía útil:

BROWN, T.L., LEMAY, H.E., BURSTEN, B.E. y BURDGE, J.R. (2004) "Química: la ciencia central", 9ª ed, Ed. Pearson - Prentice Hall

CHANG,R. (2007) "Conceptos esenciales de química general", 9ª ed, Ed. McGraw-Hill Interamericana

JONES, L. y ATKINS, P.W. (2006) "Principios de química: los caminos del descubrimiento", 3ªed, Ed. Médica Panamericana

RODRÍGUEZ CARDONA, A. (2007) "Química – 2º bachillerato", 4ªed, Ed. McGrawHill